mations sur la jeunesse de la *Pucelle* et sur sa conduite passée. Ces renseignements s'étant trouvés très-favorables à l'accusée, il les supprima et ne les communiqua point à son collègue ni aux assesseurs.

Du 21 février au 17 mars, Jeanne subit quinze interrogatoires, dont les détails n'offriraient au lecteur qu'un tissu de minuties fastidieuses, de demandes absurdes et de répétitions continuelles. On se bornera donc au précis des séances qui ont pour objet les révélations et les exploits de l'accusée.

La première fois que Jeanne comparut, on la fit d'abord jurer, selon l'usage, de dire la vérité, ce qu'elle ne voulut jamais promettre que conditionnellement. « *Vous pourrez*, dit-elle, *me demander ce que je ne puis vous révéler sans parjure.* »

Le président de la commisssion la pressa de réciter l'Oraison dominicale. Elle y consentit, pourvu qu'il l'écoutât en confession; son dessein était d'éloigner, par ce moyen, du nombre de ses juges, ce prélat dont elle connaissait le dévouement servile aux Anglais. Sur ce qu'on lui défendit de penser à prendre la fuite, elle répondit : « *Si je m'échappais, on ne pourrait m'accuser d'avoir violé ma parole, puisque je ne vous ai point donné ma foi.* » Seule et sans conseil, car on lui avait refusé un avocat, elle tint constamment tête à l'évêque de Beauvais, au *promoteur* (procureur) de l'inquisition, et à ceux des assesseurs qui, de complicité avec Cauchon, cherchaient à l'embarrasser par des questions captieuses et perfides ; fortifiée, disait-elle, par de fréquents entretiens avec sainte Catherine et sainte Marguerite qui ne l'abandonnaient pas, elle prédit, plus fermement que jamais, *que devant sept ans, les Anglais perdraient tout ce qu'ils tenaient en France,* et maintint que tout ce qu'elle avait fait

« connaissant envers Dieu, l'auteur de votre gran-
« deur. »

Le 3 janvier 1431, des lettres-patentes du jeune
monarque ordonnèrent la remise de Jeanne à l'évêque de Beauvais et au vicaire de l'inquisition, dans
le diocèse de Rouen, ses deux juges, lui faisant un
crime des *massacres* qu'elle avait faits en combattant
pour son roi contre les ennemis de l'Etat.

Ces lettres finissaient par ordonner, pour la ré-
vérence et l'honneur du nom de Dieu, que ladite
Jehanne fût livrée au R. P. en Dieu, l'évêque de
Beauvais, pour par lui être fait et parfait son
procès.

Jeanne, dès lors, devait être transférée dans la
geôle archiépiscopale de Rouen. Il n'en fut rien, et
on la laissa au fond de son cachot du château, exposée aux insultes de gardiens insolents et grossiers,
qui essayèrent même de lui faire violence, et aux
visites importunes des seigneurs, qui, avec la froide
cruauté du haut baronnage anglais, venaient jouir
de son malheur. Ses plaintes furent inutiles auprès
de l'évêque de Beauvais, homme féroce et dépravé ;
quant au vicaire de l'inquisition, c'était un *clerc*
faible et timide, qui eût bien voulu s'abstenir de
seconder Pierre Cauchon ; mais il n'en eut pas le
courage, car lui seul et Cauchon portèrent la sen-
tence. Les clercs et docteurs que l'on manda de
Paris et autres lieux, jusqu'au nombre de près de
cent, ne servirent que d'assesseurs. On prévoyait
tellement toutes les infamies qui s'allaient commet-
tre, que plusieurs ecclésiastiques sortirent de Rouen
pour éviter de siéger parmi ses assesseurs.

Le procès s'ouvrit le 21 février. L'évêque de
Beauvais avait envoyé auparavant un émissaire à
Domremy et aux environs, pour prendre des infor-

L'ANCIEN ET LE NOUVEAU

LANGAGE

DES FLEURS.

Jeunes amants, aimez les fleurs,
Elles sont votre heureuse image.

De ces interprètes des cœurs
Nous offrons ici le langage.

LANGAGE

DES FLEURS

DÉVOILÉ ET EXPLIQUÉ

AU MOYEN DE L'INTERPRÉTATION SYMBOLIQUE DES PLANTES, FLEURS, FRUITS, ETC., ETC., ETC.,

SUIVI

De la nomenclature exacte des sentiments et pensées dont chaque fleur est l'expression,

TERMINÉ

PAR L'ALLÉGORIE ET EMBLÈMES DES COULEURS

l'Horloge et Baromètre de Flore.

OUVRAGE LE PLUS COMPLET

Contenant la signification de plus de 1000 fleurs.

Enrichi de 30 gravures.

PARIS.

LE BAILLY, LIBRAIRE,

rue Cardinale, 6, Faubourg-St-Germain.

1858

AVIS PRÉLIMINAIRE.

Encore un traité du langage des fleurs ! va-t-on s'écrier. Mais nous en sommes assaillis de tous côtés !... Alors tant mieux, répondrons-nous; ce langage, mieux que l'écriture, se prêtant à toutes les illusions d'un cœur tendre et d'une imagination vive et brillante, ne peut donc pas avoir trop de popularité, et nous sommes heureux que l'on puisse comparer notre œuvre avec celles de nos devanciers. Beaucoup de lecture, dont on ne sait pas faire usage, est un grand amas de blé qui se gâte faute d'être remué. Cette opinion est celle d'un philosophe anglais, le marquis d'Halifax, qui disait aussi que la lecture de la plupart des hommes ressemble à une garde-robe de vieux habits qui ne reverront jamais le jour. Après avoir beaucoup vu, beaucoup lu, nous venons donner un démenti au noble lord. Avons-nous tort?... Le lecteur jugera.

Bien des gens ne cherchent dans les fleurs que le plaisir des yeux et de l'odorat. Le curieux s'arrête à l'odeur, à la structure et à la beauté des feuilles, au vif éclat et à la variété des couleurs. Les cœurs aimants trouvent dans les fleurs des qualités plus nobles et plus dignes d'être observées, un langage hiéroglyphique enfin, pourquoi n'aiderions-nous pas

de tout notre pouvoir l'étude de cette correspondance innocente et digne d'intérêt? Suivons le conseil que nous donne Mollivaut :

> Sachez, dit-il, des fleurs le doux langage,
> Car chaque jour, en Orient,
> L'amour en fait un doux usage
> Et lui doit son plus tendre hommage.
> Langage adroit, livre riant,
> Qui secrètement nous enflamme
> Et sur ses fragiles feuillets,
> Dit, en caractères secrets,
> La joie et les peines de l'âme.

Il serait difficile, sinon impossible, d'assigner une
origine au langage de Flore. Dès les premiers temps
de l'ère chrétienne nous le retrouvons en usage. La
culture seule de la rose remonte à une époque si
lointaine que l'histoire ne nous a pas conservé le
nom des peuples qui, les premiers, l'ont transplantée
dans leurs jardins ; mais tout porte à croire qu'elle
fit, dès la plus haute antiquité, le principal ornement de ceux dont les hommes réunis en société,
lorsqu'ils abandonnèrent les forêts, se plurent à em-
bellir leurs nouvelles demeures et cultivèrent cette
reine des fleurs pour l'offrir à *la plus belle*. Ce qu'il
y a de certain, c'est que les plus anciens historiens,
comme les premiers poètes qui nous soient connus,
ont parlé des fleurs et notamment de la rose. On la
trouve citée dans Salomon, dans Homère, dans Sa-
pho, dans Anacréon, dans Hérodote, etc. Les poètes surtout l'ont chantée ; elle a été pour eux l'objet
d'une foule d'allusions et de peintures aimables et
gracieuses, qui ont été répétées dans presque toutes
les langues des peuples modernes.

L'usage de porter des couronnes de roses paraît
avoir pris naissance dans l'Orient, et, de cette con-

trée, il a passé en Grèce, où les Romains le prirent et l'adoptèrent de bonne heure, puisqu'on le trouve déjà établi à Rome du temps de la seconde guerre punique.

Pour prouver l'ancienneté de ce langage symbolique, citons des faits : Les Chinois ont un alphabet entièrement composé de plantes, fleurs et racines.

Les anciens prêtres égyptiens offraient à ceux qui visitaient leurs temples, une roue qu'ils faisaient tourner avec force, pour offrir l'allégorie de l'instabilité des choses humaines, et des fleurs comme symbole de la brièveté de la vie.

Dans nos anciens romans de chevalerie les fleurs sont toujours présentées comme un trésor pour les amants. Dans celui d'Amadis des Gaules, Ariane prisonnière jette à son amant, du haut de la tour qui la retient captive, une rose baignée de ses larmes comme expression de douleur et d'amour.

Louis IX avait pris pour devise une marguerite et des lys, par allusion au nom de Marguerite d'Anjou, son épouse, et aux armes de France.

Saint Médard, institue le prix le plus touchant que la piété ait jamais offert à la vertu et couronne de roses la jeune fille la plus modeste.

C'est à Réné, roi de Sicile et comte d'Anjou, que l'on doit la culture de l'œillet, que le grand Condé, plus tard, cultivait pour ses loisirs sous les verroux de la Bastille.

L'immortel auteur du poëme des Mois, Roucher, envoyait à sa fille, la veille de son exécution, deux lys desséchés, pour lui, exprimer la pureté de son âme et le sort qui l'attendait.

Le langage des fleurs est donc aussi vieux que le monde. Cette ingénieuse correspondance, qui ne peut ni trahir, ni dévoiler un secret, répand tout à coup la vie, le mouvement et l'intérêt dans le harem des sultans ; triste lieu qu'habitent ordinairement l'indolence et l'ennui.

> Au sein d'une fleur tour à tour
> Une douce image est placée
> Dans un myrte, on croit voir l'amour,
> Un souvenir, dans la pensée,
> La douce paix dans l'olivier,
> L'espoir dans l'iris demi-close,
> La victoire dans un laurier,
> Une femme dans une rose.

Le langage des fleurs prête aussi ses charmes à l'amour filial, à l'amitié, à la reconnaissance. N'est-il pas l'âme, l'introducteur des fêtes et réunions de famille ?

> Au printemps de la vie arrivent les beaux jours,
> Le doux soleil de mai, les fleurs et les amours.

Il faut peu d'étude dans la science hiéroglyphique de Flore dont nous allons nous entretenir, la nature en fait tous les frais, c'est un simple catéchisme, quelques centaines de mots qu'il est facile à la mémoire la plus paresseuse de retenir.

Nota. — Pour ne plus avoir à revenir sur cet article, disons, que les fleurs ou plantes, dont la nomenclature va suivre n'ont la signification qu'on y assigne qu'autant qu'elles seront présentées droites, car, renversées, elles donneraient un sens contraire.

Pour la composition des phrases, le pronom qui doit l'accompagner s'exprime, pour la première personne, en penchant la fleur à droite, et, pour la seconde, à gauche.

DICTIONNAIRE EMBLÉMATIQUE

DU LANGAGE DES PLANTES ET DES FLEURS,

LEUR HISTOIRE, LEUR SYMBOLE D'APRÈS LE SYSTÈME ORIENTAL.

———

ABSINTHE, plante vivace, ligneuse, très-amère, aromatique, cultivée dans les jardins. Elle assaisonne les boissons fermentées, notamment la bière ; on en fait un vin médicinal et une liqueur de table. C'est le symbole de *l'amertume* et de *l'absence*.

ACACIA (faux), grand arbre épineux, originaire de l'Amérique septentrionale ; il croît rapidement ; son feuillage est agréable, son ombre légère ; ses fleurs, blanches et très-odorantes, font un bon sirop ; sa racine, douce, sucrée, a l'odeur de la réglisse. Son bois, qui se fend aisément, ne pourrit ni à l'eau ni à l'air. C'est le symbole de *l'inquiétude* et de *l'amour platonique*.

ACACIA *rose*. . . . . . . Elégance.

ACANTHE. . . . . Arts.

ACHILLÉE ou *mille feuilles*, ou *herbe au charpentier*. . . . . . Guerre.

ACONIT ou *casque*, de la famille des renoncules, famille très-malfaisante. Le casque sert, dans certaines contrées, à empoisonner les flèches. L'aconit Napel, que l'on voit communément dans nos jardins, dont les fleurs sont jaunes ou panachées, possède un suc tellement violent, qu'il a reçu le nom de *tue-loup*. On le mêle aux appâts que l'on jette dans les forêts pour détruire les bêtes féroces. Son symbole est celui du *remords*.

ADONIDE. . . . . Douloureux souvenir.

ADOXA MUSCATELLINE. . Faiblesse.

AGNUS CASTUS. . . . . . Froideur, vivre sans aimer.

AGRIMOINE. , ... Reconnaissance.

ALLÉLUIA ou *oxalide pain à coucou*, plante vivace, acide, sauvage, cultivée; à racine charnue, pivotante, sèche. C'est le symbole *de la joie*.

ALLÉLUIA, *grande ou vierge*. Insouciance.
— *la longue.* . . . Gaité lyrique.
— *la jaune.* . . . . Réjouissance.

ALISIER. . . . . Accords.

ALOÈS. . . . . Amertume, douleurs.

ALMOUZA. . . . . Amour et vengeance.

ALYSSE DES ROCHERS. . . . Tranquillité.

AMANDIER. . . . . Etourderie.

AMARANTE. . . . . Constance, immortalité.

AMARILLYS, plante vivace, racine charnue, bulbeuse; trois espèces connues dans les jardins, la *bella-dona*, le *lys jacques*, *le lys du Japon*; belles fleurs, couleurs vives, cerise, rose, cramoisi foncé, comme semée de paillettes d'or, odeur suave. Symbole de la *fierté*.

AMOURETTE ou *brise tremblante.* . . . . Eloignement.

ANAGOSIS. . . . . Oubli éternel.

ANANAS. . . . . Vous êtes parfaite.

ANCOLIE commune, plante vivace des bois, cultivée

dans les jardins, y croît aisément; fleur bleue irrégulière ; la culture a produit des variétés dont la fleur
est double, verte, blanche, rose ou panachée. C'est
l'emblème *de la folie.*

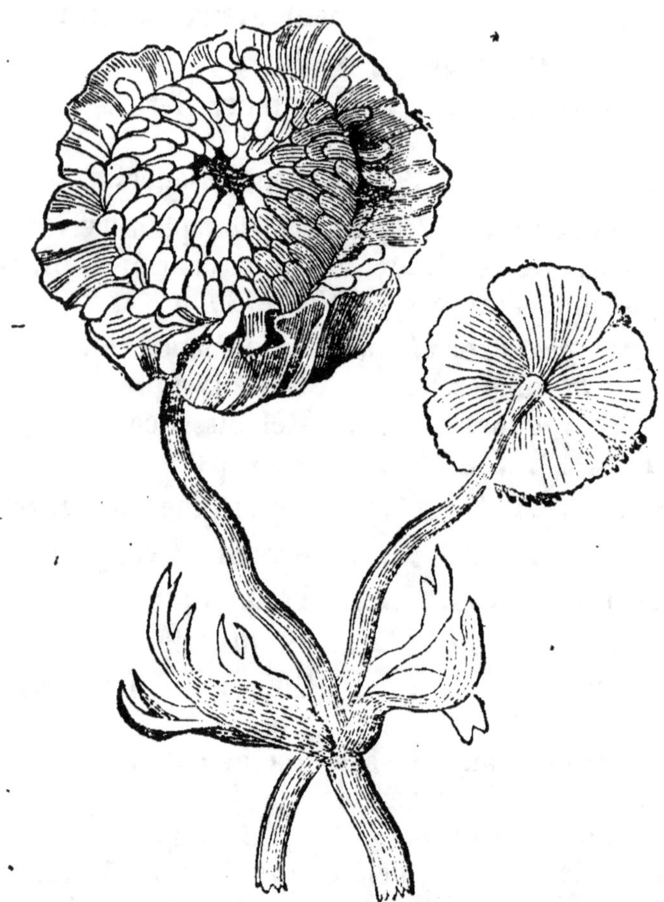

ANÉMONE *des jardins*, plante vivace, originaire
du Levant, à racines charnues ; les semis donnent
beaucoup de variétés à fleurs simples ou doubles,
nuancées de toutes les couleurs ; on les conserve en
les relevant de terre tous les ans, lorsque leurs tiges
sont sèches ; on les replante au commencement de
l'automne. Ses symboles sont :

L'ANÉMONE *des fleuristes.* . . . Candeur et abandon.
— *hépatique.* . . . . Confiance.
— *des prés.* . . . . . Maladie.

Fleurs qui du sein des prés, du bord de ces rivières,
Exhalez dans ces lieux les parfums les plus doux,
Vous venez de tomber sous les faux meurtrières ;
Leurs avides tranchants n'ont rien laissé de vous.
Ainsi souvent l'on voit grâces, beauté, jeunesse,
Sous la faux du trépas tomber, s'évanouir,
Et des plus chers objets d'estime ou de tendresse
A peine reste-t-il un faible souvenir.

Cette fleur passe, dans l'esprit des jeunes villageoises, pour posséder la vertu fatale d'enflammer le cœur et les sens. Dans les fables d'Ovide cet auteur dit qu'elle tire son origine du sang d'Adonis.

La terre avec douleur boit les flots réunis
Des larmes de la rose et du sang *d'Adonis.*

ANGÉLIQUE. . . . . Inspiration, extase.
ANETH. . . . . . . Incrédulité.
ANSÉRINE. Voy. *Belvédère.*
ARGENTINE. . . . Naïveté, fierté.
ARISTÉE *du Cap.*. Vigueur.
ARMOISE. . . . . Adultère, mauvaises mœurs.

APOCYN à *ouate*, plante vivace, laiteuse, fort traçante, originaire de Virginie ; se plaît dans les terrains frais, multiplie beaucoup, est presque indestructible. Ses fleurs sont très-odorantes ; ses graines portent un duvet fin, soyeux, doux, élastique, chaud, employé dans le tissage. Encore jeune l'Apocyn se mange cuit à l'eau comme l'asperge. Il est dangereux de le manger cru. Symbole de la *trahison.*

ARNICA. . . . . Danger, péril.

ARRÊTE-BŒUF. . . . . . Intrépidité.

Asclépias, ou *arbre à soie.* . . . . Coquetterie.
Asphodèle. . . . . Nos regrets vous suivent au tombeau.
Asphodèle (lys). Voy. Hémérocalle.
Aster *à grandes fleurs.* Arrière-pensées.
Astragale. . . . . Regret passager.
Astrame. . . . . Dissimulation.

Avelinier, variété du noisetier, à fruits presque ronds, dont l'amande est d'une saveur agréable ; on en fait des dragées ; elle fournit une huile douce. L'avelinier est cultivée et croît aisément. C'est le symbole de la *douceur enfantine.*

Aubépine. Dans la multitude infinie des préjugés dont nous sommes environnés de toutes parts, il en est plusieurs sur lesquels on peut demeurer indifférent, parce qu'ils ne sont pas nuisibles à la société. Il y en a d'autres, au contraire, qui ne sauraient être trop combattus, à cause de leur rapport avec le bonheur et la tranquillité publique.

A la vérité il faut convenir qu'à mesure que les sciences font des progrès, la masse des erreurs diminue, et le nombre des vérités augmente.

Le basilic, par exemple, ne tue plus de ses regards ; on ne trouve plus cet animal dans l'œuf du coq : la morsure de *l'araignée* n'est plus venimeuse ; on peut, à l'exemple de cette femme dont l'histoire de France fait mention et de quelques amateurs modernes, manger cet insecte sans être né sous le signe du scorpion ; *la tarentule* ne fait plus rire ou pleurer, crier, chanter ou danser les personnes qui ont éprouvé sa piqûre.

Le crapaud, quelque hideux qu'il soit, peut être fixé par l'homme sans qu'il s'ensuive la mort de l'un ou de l'autre ; le cœur *du corbeau* et celui de la corneille seraient vainement employés pour réconcilier les époux désunis ; il faut bien autre chose que l'épine du dos *du loup* pour arrêter les écarts d'une femme infidèle ; *la verveine* ou l'herbe sacrée, suivant les anciens druides, ne possède plus l'heureux avantage de pacifier les esprits irrités ; la fleur de *l'épine-vinette* ne fait plus couler les blés ; la *marjolaine* a perdu les qualités merveilleuses qu'on lui attribuait ; les *grains* ne s'animent plus dans certaines circonstances et ne se transforment plus en mouches pour s'envoler des greniers ; les *égagropiles*, cet effet de la nature, ne sont plus celui des gobbes donnés par la malveillance aux animaux ; *la carie*, cette maladie contagieuse pour le froment, n'est plus l'ouvrage des brouillards ou des insectes ; les champignons, les truffes, ne sont plus des jeux de la nature ; organisés comme les autres plantes, ils croissent à leur manière, vivent et meurent ; enfin l'homme ne croit plus sa dignité compromise en se nourrissant de pommes de terre, de patates et de topinambours.

Insensiblement, grâces aux progrès du siècle, la nature se justifie tous les jours des accusations qu'on formait contre-elle ; mais que de maux imaginaires ne lui prête-t-on pas encore ! Combien de jugements portés ou admis sans examen, d'opinions perpétuées sans avoir été approfondies, sans avoir comparu auparavant au tribunal de l'expérience et de la raison ! Le reproche que l'on fait à l'aubépine de faire gâter instantanément le poisson par sa seule odeur, est une de ces mille sottises. Ce simple arbuste est tout simplement inoffensif, et voilà peut-être pourquoi on l'accuse.

Au vert buisson deux tourterelles
Sous le frais éventail des bois,
S'ébattaient en mêlant leur voix
Et l'amoureux bruit de leurs ailes.
Zéphyr, pour mieux les enflammer,
Soulevait leurs plumes soyeuses,
Et nids heureux, brises joyeuses
Disaient : Ah! qu'il est doux d'aimer.

L'aubépine est le symbole de *l'espérance* et du *courage*.

AUBERGINE *mélongène*, plante annuelle, originaire d'Asie, d'Afrique et d'Amérique; fruit rond ou oblong, violet ou blanc, cultivé en pleine terre dans les pays chauds, sur couche dans les climats tempérés de la France; se mange cuit, assaisonné. La variété à fruit blanc est connue sous le nom de *la plante aux œufs*.

Chaque année on crée de nouvelles fleurs artificielles ou de fantaisies pour l'époque de Longchamps; la plupart sont la copie de quelques fleurs étrangères ou arbrisseaux peu connus. En 1817, l'Aubergine (ou plante qui pond) eut les honneurs de la mode et ne put être représentée que par des œufs de poule les plus petits que l'on pût trouver, qui, étant vidés, ornés de verdure, rendaient l'Aubergine au naturel. Les petits œufs furent tellement demandés à cette époque, qu'ils devinrent momentanément plus chers, à Paris, que les gros. Dans un temps plus reculé, on rapporte que l'on fit des roses avec la peau ou épiderme qui enveloppe l'œuf en dessous de son écaille; bien préparé on ne pouvait trouver rien de plus lisse pour faire le pétale de rose. Le symbole de l'Aubergine est *fécondité*.

AZEROLE. . . . . Chaleur des sens.

BLUET ou *barbeau*, plante annuelle des champs,
cultivée dans les jardins; se sème avant l'hiver dans
un terrain léger, offre beaucoup de variétés à fleurs
bleues, blanches, roses, puces, violettes, panachées.

O vous, blonds chérubins, blanches petites filles,
De bluets et d'épis semez votre chemin;
Pour vous il est des fleurs et jamais de faucilles.
A vous le ciel, car Dieu vous mène par la main.

BLUET *des champs*. . . . Délicatesse.
  — *des jardins*. . . Mélancolie amoureuse.
  — *panaché*. . . . . Soupir d'amour.

Où vas-tu, pauvre jeune fille ?
De bluets pourquoi te parer ?
Ton beau front, où la fraicheur brille,
Est si prompt à se colorer.

BAGUENAUDIER....... Amusement frivole.
BALISIER. .... Incertitude.

BALSAMINE, plante annuelle, originaire de l'Inde ; fleur simple ou double, blanche, carnée, rose, rouge, violette ou panachée ; sa capsule mûre lance, en se contractant, les graines qu'elle contient. Symbole, *impatience.*

. **BALSAMINE** *violette*. . . Caractère impatient.
    —   *blanche*. . . Pureté de sentiment.
    —   *rouge*. . . . Activité, ardeur.
BARBE *de Jupiter*. . . . Prépondérance.
BARBEAU *bleu*. **Voy.** *Bluet*.
BARDANE. .... Importunité.

BASILIC, plante annuelle, aromatique, originaire de Perse, aime la chaleur ; on en cultive plusieurs variétés dont les feuilles, vertes, grandes, petites ou frisées. Le basilic sec conserve son odeur aromatique, entre comme assaisonnement dans quelques aliments, donne de l'huile essentielle. Symbole, *haine implacable.*

BAUME. .... Vertu.
BAUME *de Judée*..... Guérison prochaine.
BELLADONA. Voy. *Amarillys*.
BELLE-DE-JOUR...... Coquetterie, infidélité.

BELLE-DE-NUIT, plante vivace, originaire d'Amérique, racine charnue ; ses fleurs s'ouvrent en l'absence du soleil, d'où lui vient son nom. On en cultive deux espèces dans les jardins, l'une odorante, fleur blanche, tube très-long ; l'autre plus commune, fleur blanche, jaune, rouge, panachée. Toutes les deux craignent le froid.

Solitaire amante des nuits,
Pourquoi ces timides alarmes,
Quand ma muse au jour que tu fuis
S'apprête à révéler tes charmes?
Si, par pudeur, aux indiscrets
Tu caches ta fleur purpurine
En nous dérobant tes attraits,
Permets du moins qu'on les devine.
Lorsque l'aube vient éveiller
Les brillantes filles de Flore,
Seule tu sembles sommeiller
Et craindre l'éclat de l'aurore;
Quand l'ombre efface leurs couleurs,
Tu reprends alors ta parure,
Et de l'absence de tes sœurs
Tu viens consoler la nature.

La belle-de-nuit est le symbole de *l'alarme d'un cœur sensible.*

BELLIGOIRE. Voy. *Eglantier.*

BELVÉDÈRE. . . . . Je vous déclare la guerre.
BÉTOINE, plante offici-
nale, vivace, fleur rou-
geâtre. . . . . Brusquerie.
BLÉ. . . . . Richesse.
BON-HENRI. . . . . Bonté.

BIGAREAU. Voy. *Cerise.*

BOULE-DE-NEIGE. . . . . . Calomnie.
Boules-de-neige ou roses de Gueldres. L'arbrisseau qui les porte forme un beau massif dans le
genre d'un buisson; rien de plus beau que son ensemble. On en fait de différentes grosseurs dans
l'art artificiel, pour modes; variées de couleur, cela
est tres joli. Symbole, *calomnie, refroidissement.*

BOUQUET. . . . . Galanterie.
BONNE-DAME ou *arroche.* Coquetterie.
BOURRACHE. . . . . Brusquerie.

BOUTON DE ROSE. . . . . Jeune fille.

BOUTON DE ROSE *blanche.* Cœur qui ignore l'amour.

BOUTON D'OR. . . . . . . Danger des richesses.

> Ce joli bouton satiné,
> Qui sourit comme l'innocence,
> Recèle un suc empoisonné,
> Et souvent blesse l'imprudence.

Le bouton d'or, ou *renoncule âcre*, cache sous sa corolle un poison violent.

BRANCHE-URSINE. . . . Nœud indissoluble.

BRIN *de mousse*. . . . . . Amour maternel.

BRISE *tremblante*. . . . Frivolité.

BRUNELLE. . . . . Solitude.

BRUYÈRE. . . . . Humilité, plaisir champêtre.

BUGLOSE. . . . . Mensonge.

BUGRANE. . . . . Obstacle.

BUIS. . . . . Stoïcisme.

> Amitié, délicieux rêve!
> Mot que l'homme, dans sa douleur,
> Créa, comme le mot bonheur,
> Pour faire aux ennuis quelque trêve ;
> Arbre à la printanière sève,
> Ton feuillage doux et trompeur
> Abrite l'enfance du cœur,
> Et puis, jour à jour sur la grève,
> S'effeuille et nous laisse un désert.
> Dans le midi brûlant de l'âge,
> Altérés, mourants, sans ombrage ,
> A vingt ans plus d'un rameau vert,
> Débris de ton frêle branchage,
> Déjà couvre, à nos pieds, la plage.

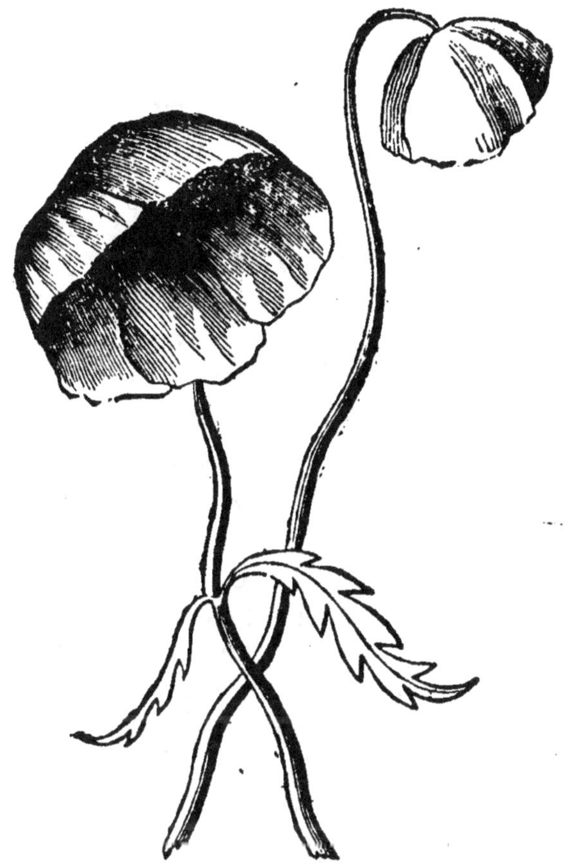

(Coquelicot.)

CAILLE-LAIT, plante vivace : deux espèces, l'une à fleurs jaunes, l'autre à fleurs blanches ; ses racines fournissent une couleur semblable à la garance ; elles n'ont pas, comme on croit, la propriété de cailler le lait. Symbole, *trahison.*

CAMARA *piquant.* . . . . Rigueur.
CAMELINE.. . . . . Reconnaissance.

CAMOMILLE *romaine*, plante vivace, basse, traînante, fleurs simples ou doubles ; cultivée dans les jardins : les fleurs, surtout les doubles, sont employées comme du thé. Elles donnent, par la distillation, une huile essentielle d'un beau bleu. Symbole *d'amitié*.

CAPILLAIRE.......... Discrétion.
CAPUCINE.......... Feu d'amour.

CARLINE, plante vivace, sans tige, des hautes montagnes ; son réceptacle couché par terre est aussi large qu'un artichaud et se mange. La carline est la nourriture du chamois. Elle s'épanouit ou se resserre suivant que l'air est humide ou sec. C'est le baromètre des chasseurs de montagnes. Symbole, *isolement, solitude*.

CENTAURÉE, *fleur du Grand-Seigneur*. . Félicité.

CARTHAME, *safran bâtard*, plante annuelle, originaire d'Egypte, cultivée en grand ; ses fleurs sèches sont couleur de safran. On en retire un rouge pour les peintres et les femmes ; la teinture emploie le carthame pour teindre en rose, cerise, ponceau ; ses graines blanches, huileuse, connues sous le nom de graines à perroquet, sont bonnes pour la volaille. Le carthame peut orner les jardins. Son symbole est *utilité, ornement*.

CERISIER.......... Bonne éducation.

CÉLIDOINE ou *chelidoine, éclaire*, plante vivace qui croît sur les murs, dans les m auvaises terres. Elle contient un suc corrosif, d'un jaune orangé ; ses graines sont petites et nombreuses. Symbole, *émotion d'amour*.

CHAMPIGNON....... Soupçon.
CHARDON.......... Austérité.
CHARDON à foulon ou
    Cardière........ Misanthropie.

Charme. . . . . Ornement.

Chataignier. Les terres légères, les lieux secs et stériles, les pierrailles, les sables, tout est propre à la végétation du châtaignier. Son symbole est *rendez-moi justice.*

Chêne. . . . . Hospitalité.
Cheveux-de-Vénus. . . Sympathie.

Chèvre-feuille des buissons ou *Xyloston*, arbrisseau qui s'élève de 4 à 6 pieds de hauteur, et forme un buisson lâche et irrégulier; ses rameaux sont nombreux; ses fleurs, d'un blanc pâle, s'épanouissent en mai. Le chèvre-feuille est le symbole *des liens d'amour.*

Chicorée. . . . . Frugalité.
Chou. . . . . Profit.
Circée. . . . . Sortilége.
Ciste. . . . . Jalousie.
Citronnelle. . . . . . Félicité, jouissance.
Citronnier. . . . . . Désir de correspondre.
Citrouille. . . . . . Grossesse.
Clandestine. . . . . Amour caché.
Clématite. . . . . . Artifice.
Clochette ou *campanelle.* . . . . . . Bavardage.

Voyez sur sa tige naissante
S'élever cette fleur des champs,
Aimable fille du printemps.
Sur la verdure renaissante,
Elle brille quelques instants.

Coca. Cette plante est fort commune au Pérou dans les hauts terrains de cette partie : on s'en sert avec une espèce de terre appelée *Toccra* ou *Llipta*, qui est une pâte composée en manière de tablette de chocolat, mais un peu plus grande et de la même couleur. On prépare ces tablettes avec la cendre des épis du maïs dépouillés de leurs grains, et celles de quelques autres plantes sauvages abondantes en principes salins. Quand on a bien pétri ces matières ensemble, on les laisse sécher et durcir. Le symbole de la Coca est *aigreur, querelle*.

CAMÉLIA, vient de la Chine. Il fut apporté, il y a plus de soixante-dix ans, par le père Camelin de la compagnie de Jésus. Le plus beau *Camélia* connu est celui qui croît en pleine terre à Caserte, château royal appartenant au roi de Naples; il a plus de 10 mètres de hauteur. On sait que cet arbrisseau charmant aime la chaleur et l'ombre. Symbole du *talent modeste et vénéré*.

COLCHIQUE. . . . . Mes beaux jours sont passés.

CONVOLVULUS DE NUIT. . Obscurité.

COQUELICOT ou *pavot-coq*. Les fleurs de cette plante ont quatre feuilles larges et minces; cette espèce de pavot croît partout, principalement parmi les lins, dont la fleur bleue contraste agréablement avec la fleur rouge du coquelicot. Cette fleur en médecine s'emploie en sirop, en conserve, en tisane pour la pleurésie. Voy. page 20.

La tête de ce pavot est légèrement somnifère. Cette fleur est le symbole *de la reconnaissance*.

Tendre fleur, qu'en fuyant chaque minute effeuille,
Qui brille pour mourir dans la main qui te cueille.

COQUELOURDE. . . . . . . Vous êtes sans prétention.

COQUERET. . . . . Erreur.

CORIANDRE. . . . . Mérite caché.

CORALINE. . . . . Justesse de prévision.

CORMIER. . . . . Prudence.

CORONILLE *sauvage*. . .	Débauche.
— *panachée*. .	Première erreur.
COUCOU.	Présage d'infidélité.
COUDRIER.	Réconciliation.

COURONNE IMPÉRIALE ou *fritillaire*. Cette plante vivace et bulbeuse offre l'aspect d'une tulipe renversée ; ses fleurs ressemblent à un cornet à jouer aux dés. Il y en a de trois espèces : *la fritillaire damier*, aux fleurs parsemées de taches blanches, jaunes ou rouges ; *la fritillaire de Perse*, d'un violet bleuâtre, et la *couronne impériale*. Napoléon en avait jonché ses palais impériaux. Cette dernière est le symbole *de l'ambition*, les autres espèces le sont de la *fierté* et de la *présomption*.

COURONNES DE ROSES. .	Récompenses de la vertu.
CRAPAUDINE.	Artifice.

CROIX-DE-JÉRUSALEM, apportée par les croisades. Fleur légère, couleur de pourpier ; ses pétales ne sont qu'au nombre de quatre formant la croix : sa corolle a servi de type à la croix de Malte. Cette fleur est jolie sur des modes légères et fait à peu près à l'œil l'effet du géranium. *Fidélité à toute épreuve.*

CYPRIDE au pied de Vénus.	Obstacles.
CUPIDINE.	Persévérance.
CUSCUTE.	Bassesse.
CYTISE.	Sortilége.

CYCLAMEN ou *pain de pourceau*, plante vivace, feuilles agréablement veinées ; fleurs élégantes, pendantes, redressées par leurs extrémités, variétés automnales et printanières. Symbole, *durée de sentiments.*

DALHIA, vient de l'Amérique du sud. Il y a
trente-cinq ans qu'on apporta d'Angleterre à Paris
des graines de *dalhia* ; elles donnèrent des fleurs
simples ; depuis, la culture a changé les étamines de
ces fleurs en pétales , et le *dalhia* est devenu l'une
des plus belles fleurs de nos jardins ; mais, malgré
les efforts des horticulteurs, ni la *tulipe* ni le *camélia,*
ni le *dalhia* n'ont pu se produire avec la couleur
bleue ; celui qui trouverait le secret de les rendre
tels ferait sa fortune.

Par la bonté de Dieu, quels parfums ont les fleurs!
Vainement les trésors qu'exhalent leurs calices
Enivrent tous mes sens de suaves délices;
Je n'ose en cueillir une, ou c'est en hésitant
Et de ma main tremblante elle échappe à l'instant.
Ah! leur beauté d'un jour, si promptement ravie,
Est l'emblême trop vrai des songes de la vie.

DALHIA *jaune*. . . . . Beauté sans atours.
— *rouge*. . . . . . . Amour-propre.
— *violet*. . . . . . Amour incertain.
— *orange*. . . . . Amour passionné.
— *panaché*. . . . Amour des arts.
— *double*. . . . . Rivalité.
DATURA. . . . . Charmes trompeurs.

DAMIER *rose*. Voy. *Fritillaire*.

DICTAME de Crête. . . . . Naissance.
DIGITALE *blanche*. . . . Souvenir d'absence.
— *rouge*. . . . . Espoir de retour.
— *incarnat*.. . . . Tristes nouvelles.
DENTELAIRE, plante vi-
vace, fleur bleue, en
épi.. . . . . Causticité.
DOUBLE-FEUILLE. . . . Consolation.
DORONIC, plante vivace des montagnes; grande
fleur dorée, d'usage en médecine. On confond sous
ce nom différentes espèces de plantes. Symbole,
grandeur, éclat.

Par pitié, riches de la terre,
Ne rejetez nulle prière;
A vous, loisir, sécurité!
Mais à la race condamnée
Accordez, après sa journée,
Un rayon de soleil, une heure de gaîté!

EGLANTINE, *rose de chien*, arbuste épineux des bois, des haies ; fleurs odorantes, fruit rouge, acidulé, se mange frais, confit. On doit se garantir des poils qu'il renferme : il est connu sous les noms de *kinorhodon*, *gratte-cu*. La piqûre d'un insecte fait naître sur ses branches une excroissance en forme de mousse, appelée *beligoire*, sur laquelle le charlatanisme abuse de la crédulité, en lui attribuant des effets extraordinaires. Des pousses gourmandes, longues, droites, sortent de l'églantier ; détachées avec des racines, elles servent à greffer en tiges les roses des jardins, et autres variétés à fleurs doubles.

Mariez le jasmin, le lilas, l'églantier,
Et surtout que la rose, embaumant le sentier,
Brille comme le teint de la vierge ingénue
Que fait rougir l'amour d'une flamme inconnue.
Ces trésors pour vous seul ne doivent pas fleurir.
A la jeune bergère on aime à les offrir.

L'Eglantine est le symbole de la *poésie*; elle sert de prix aux jeux floraux, académie fondée à Toulouse par Clémence Isaure. Cette fleur a les mêmes vertus en médecine que la rose ordinaire.

Ebenier. . . . . Noirceur.
Ellébore ou *pied de grif-*
fon. . . . . : . Changement de position.
— ou *rose de Noël*. Voy. *Aconit*.
Enothère *à grandes*
fleurs. . . . . Inconstance.
Ephémérine de Virginie. Bonheur passager.
Epine. . . . . Flèche d'amour.
— *blanche*. Voy. *Aubépine*.
— *noire*. . . . . . Mélancolie difficulté.
— *vinette*. . . . . . Aigreur, désespoir.
Erable. . . . . Réserve.
Essence de rose. . . . . Votre renommée se répand partout.
Eternelle. . . . . Immortalité.

Toi qui bois à longs traits l'ivresse de la vie,
Jeune homme au cœur ardent et fécond en désirs,
Puisse longtemps le ciel contenter ton envie,
Te laisser ta jeunesse et ses riants plaisirs !

[donnes,]
Grand maître, entends mes vœux, car c'est toi qui par-
Bénis ces ans, ces mois, ces jours que tu nous donnes.

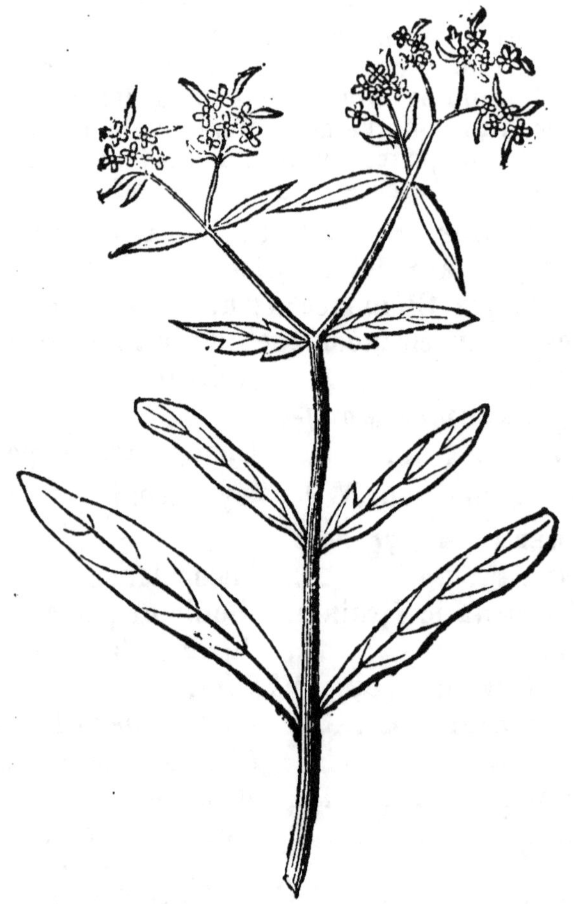

FEDIE, du latin *fedia*, sens inconnu, de la famille des dipsacées, genre valériane de *valere*, *se bien porter*; fleurs roses réunies en bouquets, calice très-petit, à dents droites, au nombre de 1 à 12 corolles, 5 fentes inégales, sans éperon, ni bosse, ce qui le diffère de la valériane ; graines couronnées par le calice non plumeux : 20 espèces; diurétique, sudorifique, antispasmodique. Son symbole est celui *de la santé.*

Tout germe naissant et vivace
Sous son limbe porte sa grâce
Comme l'eau paisible a son bruit.
Bien des saveurs bien des arômes
Se cachent à l'abri des chaumes ;
Tout humble pistil a son fruit.

FENOUIL.	Force.
FEUILLE *morte.*	Mélancolie.
FICOÏDE *glaciale.*. . . .	Vos vœux me glacent.
FLEURS *d'abricots.* . . .	Charme.
— *de chêne.* . . .	Force.
— *impériales.*. .	Ivresse.
— *de limon.* . . .	Constance idéale
— *de marronnier.*.	Fierté.
— *d'oranger.* . . .	Chasteté, douceur.
— *de passion.*. . .	Douleur d'amour.
— *de pêche.* . . .	Agrément.
— *de pommier.* . .	Plaisir durable.

Danger des fleurs dans les appartements.

Chargée de la fonction la plus noble et la plus intéressante de la végétation, la fleur a été enrichie de tous les dons. Il semble même que la mort se soit plu, pour ainsi dire, à la révéler au-dessus de toutes ses autres productions, par la beauté, la vivacité des couleurs, l'élégance des formes et la douceur des parfums. Mais cette fleur si flatteuse pour tous les organes communique souvent, par ses exhalaisons, des impressions douloureuses qui deviennent la cause de maladies et d'infirmités ; il est donc excessivement imprudent d'en conserver dans les appartements clos. Il serait trop long d'énumérer ici toutes les observations faites jusqu'à ce jour, qui prouvent que les corpuscules odorants transmettent les propriétés des corps dont ils émanent, et que même les odeurs les plus aromatiques communi-

quent aux nerfs des impressions et peuvent devenir
la cause de maladies souvent très-graves : nous de-
vions cet avis à nos lecteurs. Revenons à notre nomenclature symbolique des *fleurs*.

FLOUVE. . . . . Tristesse.
FOUGÈRE. . . . . Sincérité.
FOULSAPATTE. . . . . . Amour humble et mal-
                      heureux.
FOUTINAILLE. . . . . . . Fidélité.

FRAISES ou *capron*, fruit du fraisier, plante
basse, traçante des bois ; cultivée dans les jardins,
elle multiplie beaucoup, pousse de longs filets qui
prennent racine en touchant terre ; sa fleur est blanche, agréable, quelquefois semi-double. C'est le
symbole de la *bonté parfaite*.

FRAXINELLE.. . . . . . . Feu.
FRÊNE. . . . . Grandeur.
FRITILLAIRE. Voyez *Couronne impériale*.

FRAGON, vulgairement *petit houx*, plante vivace,
ligneuse, toujours verte ; originaire des bois ;
feuilles piquantes, fleurs sortant des feuilles, fruit
d'un beau rouge : on mange ses jeunes pousses
comme les asperges. Symbole, *irascibilité*.

FUMETERRE. . . . . . . Fiel, crainte.
FUSAIN. . . . . Vos charmes sont tracés
                      dans mon cœur.

FUCUS ou *algues marines*, plantes que la mer char-
rie et laisse en se retirant éparses çà et là sur le ri-
vage ; elles sont molles, d'un vert sombre, et ressemblent à de larges courroies longues de trois à
quatre pieds, dans les temps de sécheresse ; suspen-
dues dans un appartement, elles deviennent sèches
comme du parchemin, et servent ainsi d'hygromètre.
Symbole, *instabilité*.

GÉRANIUM (*Géranium*, f. des Géranium), genre qui comprend plus de deux cents espèces, la plupart d'ornement et agréables par leurs fleurs et leurs feuillages odorants ; plusieurs espèces sont indigènes et connues sous le nom de *bec de grue*, par rapport à la ressemblance de leurs fruits avec le bec de cet oiseau.

Partout le parfum s'amoncelle,
Partout l'encens coule et ruisselle ;

De baume les champs sont couverts,
Le sol tout entier d'ambre fume,
Le rayon dans la fleur s'allume,
Un bruit d'aile agite les airs.

GÉRANIUM *musqué.* . . . Causticité.
— *écarlate.* . . . Sottise.
— *rosé.* . . . . . Langueur, préférence.
— *citron.* . . . Caprice.
— *triste.* . . . Esprit mélancolique.
GALIGA. . . . . Raison.
GARANCE. . . . . Calomnie.
GAVÉE d'Amérique. . . Sûreté.
GAZON d'Olympe. . . . Passion amoureuse.
GENÊT. . . . . Propreté, espérance in-
décise.
GATILIER *commun.* . . . Froideur.
GENETTE. . . . . Espérance trompeuse.

GAINIER arbre moyen, originaire de Judée, naturalisé en France. Ses fleurs sont roses ou blanches
(celles-ci rares), sont agréables, abondantes, paraissent avant les feuilles et sont recherchées des
abeilles ; ses feuilles sont d'un beau vert ; son bois
dur, veiné, est propre à la marqueterie : cet arbre
craint les très-grands froids. Symbole, *poltron-
nerie.*

GÉNEVRIER de Virginie. Amour platonique.
GENTIANE. . . . . Je suis à vous.
GUÈDE. . . . . Honte, méfait.
GENIÈVRE. . . . . J'ai de l'amertume au
cœur.
GERMANDRÉE. . . . . . Plus je vous vois, plus je
vous aime.
GIROFLE. . . . . Dignité.

GIROFLÉE (grosse espèce), plante bisannuelle du

sud de l'Europe ; fleurs simples ou doubles, blanches, rouges, violettes, ou couleur de chair, d'une odeur agréable ; variété à grand rameau, à l'odeur du girofle. La giroflée orne les jardins et craint le froid. Symbole, *bonheur, sympathie.*

GIROFLÉE *double.* . . .	Amour-propre.
— *rouge.*	Dépit.
— *jaune.*	Préférence.
— *blanche.* . . .	Simplicité, candeur.
— *de Mahon.* . .	Sagessse, promptitude.
— *violette.* . . .	Sociabilité.
— *de murailles.* . .	Fidèle au malheur, ou
— Voy. *Quaran-*	jetez des fleurs à l'in-
taine.	fortune.
GLACIALE ou *ficoïde.* . .	Oubli, inconstance.
GOUET *commun.*	Ardeur, flamme amou-
	reuse.
GOUET *gobe-mouche.* . .	Piége, trahison.
GRATERON.	Rudesse.
GRENADE.	Ambition, fatuité.
GRENADIER.	Inquiétude.
GRENADILLE *bleue.* . .	Croyance.
GUEULE-DE-LOUP. . . .	Politique.
GUI.	Je surmonte tout.
GUIMAUVE.	Bienfaisance.
GUIRLANDE *de fleurs.* .	Chaine d'amour.
GUITTARIN.	Mélodie.
GYROSELLE.	Vous êtes ma divinité.

Symbole de toute puissance,
Le parfum de ta douce fleur,
En l'honneur de la Providence,
Exhale une suave odeur.

(Hortensia.)

HÉMÉROCALLE de la Chine, plante vivace à fleur rouge papillonacée, qui fournit aux abeilles un miel abondant. Sa racine donne une fécule. On en compte deux espèces : l'une vulgairement appelée *lys de Libérie*, fleur jaune, odeur de jonquille ; l'autre plus grande, le lys *aifodel*, du Levant, fleur rouge, terne, jaunâtre. Symbole, *activité dans les entreprises.*

Hélénie. . . . . Pleurs.

Héliotrope........... Volupté, abandon, enivrement.

Héliotrope. Celui dont nous aimons la couleur
modeste et le parfum enchanteur est originaire du
Pérou. Il fut trouvé en 1740 par J. Julien. La
faveur populaire eut bientôt naturalisé cette délicieuse plante parmi nous. On a bien fait de donner
le parfum des fleurs pour emblème à la reconnaissance ; il s'exhale dans l'air et plaît au bienfaiteur
sans lui offrir un échange grossier. Le soleil à midi
absorbe l'odeur des fleurs ; c'est au lever et au cou-
cher du soleil, au moment où les particules humides de l'air retombent, qu'on respire avec elles
l'odeur dout elles sont imprégnées. Les plantes
septentrionales n'ont pas, à beaucoup près, le même
parfum que celles des climats chauds. Diverses
fleurs, dont l'odeur est pénétrante dans les régions
méridionales, n'en conservent presque aucune en
Hollande ; de même les couleurs y dégénèrent.
L'héliotrope est toujours distingué pour modes.
Symbole, *volupté, abandon, enivrement.*

Que ferions-nous, grand Dieu ! sans l'espoir qui console
Le pauvre souffreteux, l'âme qui se désole,
L'affamé qui cherche un fruit mûr ?
Si l'homme n'avait pas devant soi ce mirage,
Cent fois, dans un seul jour, il irait avec rage
Se briser le front contre un mûr.

Hépatique......... Confiance.
Herbe, *gazon.* ..... Utilité.
Hêtre. .... Prospérité.

Hortensia. Cette fleur, importée de la Chine à
l'Ile-de-France, puis en Europe en 1790, fit longtemps l'admiration des amateurs ; mais, étant inodore, elle fut rejetée des salons, où elle figurait pri-
mitivement.

L'hortensia s'élève de deux à quatre pieds; ses fleurs sont successivement verdâtres, purpurines, violâtres, enfin d'un blanc sale ou d'un rouge vif; elles deviennent bleues en mêlant de l'ocre à la terre des caisses qui les renferment. C'est le *symbole de l'indifférence*. Le premier *hortensia* que l'on vit à Paris appartenait à l'impératrice Joséphine; il fut dédié à sa fille, la reine Hortense, et reçut le nom de cette princesse.

> Tout doit céder à cette belle
> Le droit de peindre un sentiment
> Que l'on éprouve en la voyant.
> Elle peut servir de modèle
> A tout cœur fait pour les amours,
> En lui disant que les beaux jours
> Consacrés à la jouissance
> Sont perdus quand l'indifférence
> Nous laisse désirer toujours.

HOUBLON. . . . . Injustice.

HOUX. Voy. *Fragon.*

HYACINTHE, *jacinthe*, plante vivace, bulbeuse. Deux espèces sont plus connues : l'une de nos bois vulgairement nommée *clef de Paradis*, ou *fleur de Passion;* l'autre originaire du Levant, cultivée depuis deux siècles dans les jardins. Les semis ont produit un grand nombre de variétés, à fleur simple, double, de toutes couleurs, toutes très-odorantes ? les variétés à fleurs doubles ont d'abord été rejetées, et ne sont cultivées au plus que depuis un siècle. L'oignon de cette espèce fleurit bien, placé sur l'eau dans un vase. Symbole, *douleur, délicatesse, jeu.*

IRIS. Genre très-nombreux, et qui mérite de tenir une place distinguée dans tous les jardins.

Dans les parterres et les massifs on en forme des touffes, et dans les jardins paysagers, ces plantes font un très-bel effet, soit sur les bords des bosquets, soit dans les gazons, soit même sur les rochers, les cabanes et les murailles, où quelques espèces croissent sans difficulté. Tous les Iris ont les feuilles en épée, pointues, entières, lisses, et engaînantes. Les fleurs, presque toujours fort belles, sont encore remarquables par leur singularité. Parmi ces plantes, les unes ont les racines *bulbeuses,* les autres tubéreuses ou charnues, fournissant une grande quantité de rejetons.

L'IRIS est le symbole d'un *tendre message.*

— *flamme*. . . . .   Flamme amoureuse.
— *bleu*. . . . .   Confiance.
— *blanc*. . . . .   Ardeur.

O fleurs ! qui tant de fois avez servi l'amour,
Votre sein virginal le ressent à son tour ;
Oui, vous n'ignorez pas les humaines délices.
Vainement la pudeur, au fond de vos calices,
Cacha de vos plaisirs le charme clandestin ;
Les zéphirs, précurseurs du soir et du matin,
Les zéphirs les ont vus, et leur voix fortunée
Raconte aux verts bosquets votre aimable hyménée.

IBÉRIDE, de Perse, *Thlas-*
   pie vivace. . . . . . :   Indifférence.
IF. . . . .   Tristesse.
IMMORTELLE. . . . . . .   A jamais.

O vous en qui la vanité
Fait préférer à tout la gloire d'être belle,
Retenez bien cette moralité :
La rose nous peint la beauté,
Mais le talent est l'immortelle.

IMPÉRIALE. . . . . . .   Puissance.
IPOMMÉE ÉCARLATE, *jas-*
   min rouge de l'Inde. .   Je m'attache à vous.
IVRAIE. . . . .   Vice honteux.

IXIA. L'Ixia est une plante bulbeuse, dont la forme des fleurs rappelle la *roue d'Ixion.* Il y en a d'odorantes qui se ferment le soir ; d'autres, tel que le *cinnamomum,* répandent leur parfum pendant la nuit, et se ferment le matin ; elles fleurissent en différents temps suivant les espèces. Son symbole est *vous faites mon tourment.*

JASMIN *blanc*, originaire d'Asie, arbrisseau sarmenteux, cultivé dans les jardins ; il craint les grands froids ; ses fleurs très-odorantes communiquent leur parfum aux huiles grasses, à l'esprit-de-vin. Le Jasmin d'Espagne à grandes fleurs se greffe sur le commun.

Oh ! combien j'aime à caresser
Une taille fine et jolie !
Combien ma bouche aime à presser
Le cou, le sein de mon amie !

Vers son cœur que j'aime à pencher !
Des sens veut-on doubler l'ivresse,
C'est dans le cœur qu'il faut chercher
Tout le charme d'une caresse.

JASMIN *blanc.* . . . . . . Amabilité, passion.
— *jaune.* . . . . . . Bonheur.
— *de Virginie.* . . Séparation.
— *d'Espagne.* . . . Sensualité, volupté.

JACINTHE. Voy. *Hyacinthe.*

JALOUSIE. . . . . Méfiance.

JONQUILLE, plante vivace, bulbeuse, originaire d'Asie ; fleur simple ou double, d'un jaune d'or ; odeur suave ; entre dans les parfums, se multiplie de semence et par caïeux. Symbole d'un *désir ardent.*

JOUBARBE. . . . . Esprit.

JULIENNE *simple.* . . . . . Fausseté.

JULIENNE *jaune.* . . . . . Passe-temps.

JONC *fleur.* . . . . Flatterie.

JONC *marin.* . . . . Intrigue, bassesse.

JUGLANS. Voy. *Noyr.*

JULIBRISIN. Voy. *Acacia.*

JULIENNE de Mahon.
— *rouge et lilas.* . Goût des voyages.
— *blanche et vio-*
lette. . . . . . . Je vais vous quitter.
— des jardins-
— *double.* . . . . Bonheur de vous revoir.
— *blanche.* . . . . Ne nous séparons pas.

JUNIPÉRIUS. Voy. *Genévrier.*

KETMIE (*Hibiscus*, f. des malvacées). C'est un des genres qui fournit les arbustes les plus propres à décorer les premiers plans des massifs et même des parterres. Il renferme un grand nombre d'espèces, et plusieurs fournissent un grand nombre de variétés. Symbole, *ornement.*

L'abeille inconstante voltige
De fleur en fleur, de tige en tige,
Admirant partout la beauté;
Sans rien perdre, son aile effleure
Le Cytise penché qui pleure,
Ou *Ketmie* en sa majesté.

Kali. Voy. *Salicor.*

Kinorhodon. Voy. *Eglantier.*

Kirsch-vasser. Voy. *Cerise.*

Kouetsch-vasser. Voy. *Prune.*

Kaki ou *Plaqueminier*, grand arbre genre *Ebenier. Solidité.*

Kalmie à fleurs larges, croît naturellement dans les bois humides et ombragés de l'Amérique septentrionale ; elle fut introduite en France en 1750, où elle s'est acclimatée même en pleine terre. Ses fleurs sont grandes et d'un rouge vif ou blanchâtre ; tant qu'elles restent épanouies, elles font l'ornement des jardins. Symbole, *piége à craindre.*

Kempfère *longue*, famille *des balisiers*, de l'Inde, vivace, fleurissent en mai et juin, faisceau radical de 6 ou 7 fleurs odorantes, paraissant quelquefois avant les feuilles. *Promptitude.*

Kannédie *couchée*, plante vivace de la Nouvelle-Hollande, fleur d'un beau rouge, avec une tache verte à sa base. *Elégance.*

Kannédie à gr. fleurs.   Fatuité, orgueil.

— à feuilles ovales. . . . .   Extravagance.

Kitaibèle à feuilles de vigne, plante annuelle de Hongrie, fleurs grandes et blanches. *Beauté qui s'ignore.*

King, ou *Cinéraire* à fleurs rayonnées bleues. . .   Amour idéal.

Koelrenteria, famille des savonniers, originaire de la Chine, fleurs jaunâtres disposées sur un grand panicule terminal. *Justesse de jugement.*

(Liseron.)

LAITUE. . . . . Refroidissement.

LAURÉOLE-BOIS-GENTIL. Coquetterie, désir de
plaire.

LAURIER. . . . . Gloire et génie.

LAURIER ROSE. Cet arbuste, originaire d'Asie,
fleurit sans interruption de juillet à septembre. Il
y en a deux espèces, à fleurs rouges ou blanches.
A Paris, on le tient en caisse, tandis que dans le
Midi on en fait des palissades du plus bel effet. Les

Lauriers roses à fleurs doubles sont si délicats, qu'il faut les conserver en serres-chaudes comme les grenadiers. Symbole, *beauté, douceur.*

> Aimable fleur, c'est ton haleine
> Qui charme et pénètre nos sens,
> C'est toi qui verses dans la plaine
> Ces parfums doux et ravissants.
> Les esprits embaumés qu'exhale
> La rosée fraîche et matinale,
> Pour nous sont moins délicieux ,
> Et ton odeur suave et pure
> Est un encens que la nature
> Lève en tribut vers les cieux.

LAURIER *amandier.* . . Perfidie.
— *blanc.* . . . . . Candeur, sincérité.
— *amandé.* . . . Victoire, triomphe.
— *d'Espagne.* . . Désespoir.
— *cerise.* . . . . . Coquetterie.
— *thym.* Voy. *Viorne.*

LAVANDE. . . . . Coquetterie , magnificence.

LIANES. . . . . Nœuds indissolubles.

LIERRE. . . . . Ingratitude , attachement dangereux.

> Dieu dit, jetant le lierre aux flancs des places fortes :
> Petit, abats ce grand, mon doigt l'a condamné.
> Tout subit ici-bas le sort des feuilles mortes
> Pour dresser le chemin d'un peuple nouveau né.

LILAS. . . . . Emotion d'amour.
— *jaune.* . . . . Inquiétude.
— *rosé.* . . . . Vanité.
— *blanc.* . . . . . . Innocents désirs.

LIN. . . . . Je sens vos bienfaits.

> Je t'aime, petite fleur
> Si gentille et si modeste;
> Ta tête d'un bleu céleste
> Représente la candeur :

J'aime ta tige élancée,
Ta robe d'un vert si beau,
O ma belle délaissée,
Douce fille du hameau ! (Gozola.)

LISERON (*convolvulus*, f. des convolvulacées).
Plusieurs espèces sont indigènes : une, entre autres,
à tiges traînantes, qu'on ne saurait trop détruire.
Celles qui servent d'ornement sont : le Liseron *tricolore*, le Liseron *bleu*, et quelques autres. Toutes
ces plantes se reconnaissent à leur tiges grimpantes
accompagnées de vrilles, ou se tortillant elles-
mêmes, à leurs feuilles lisses et en cœur, et enfin
à leurs fleurs en vases, portées sur de longs pédon-
cules. Le Liseron *tricolore* est le plus beau : ses
fleurs bleues aux bords, blanches au milieu et jaunes au fond, sortent des aisselles des feuilles; elles
durent longtemps, et forment de belles touffes. Le
Liseron est le symbole de *l'humilité*.

Des hautes voûtes étoilées
Il pleut des essences mêlées
Qui descendent soir et matin ;
L'abeille, dans sa folle ivresse,
Ne sait où prendre sa richesse,
Ne sait où prendre son butin.

LIS (*plante à oignon*), originaire des plaines de
Palestine.

LIS *blanc*. . . . . Innocence.
— *martagon*. . . . . . . Virginité pieuse.
— *superbe*.. . . . . Candeur.
— *pompon*. . . . . Pureté enfantine.
— *jaune*. . . . . Inquiétude.
— *de Sibérie*. . . . . . . Mes intentions sont pu-
res.
— *du japon*.. . . . . . . Naïveté.
— *Jacinthe*. Voy. *Scille*.

— des Incas . . . .   Sagesse.
— fauve. Voy. *Hémérocalle.*
LUZERNE . . . .   Vitalité.
LYCOPERDE. . . . .   Je veux vous aimer tou-
                     jours.
LYCOPODE . . . .   Flamme ardente.

> J'offre, suivant l'antique usage,
> *La jonquille* à tous nos maris ;
> *Le lys* à fille jeune et sage
> *L'immortelle* à nos beaux esprits,
> *Le bluet* à la tendre enfance.
> Aux petits maîtres le *muguet ;*
> Le méchant n'aura dans la France
> Que le *souci* pour son bouquet ;
> *Le bouton d'or* à la finance,
> A nos romanciers *des pavôts,*
> *La tubéreuse* à l'innocence
> Et les *lauriers* à nos héros,
> A la veuve d'une journée
> Je présente le noir *cyprès ;*
> Mais j'offre, à celle d'une année,
> *Lycopode* dans ses bouquets.

LAICHE. Rien de plus pernicieux que la laiche, dont la feuille coupante ensanglante souvent la bouche des bestiaux ; elle se trouve dans les lieux aquatiques de l'Europe et fleurit au printemps. Son symbole est *Perfidie.*

LICIET *cultivé.* Vos attraits me charment. Le liciet est un très-joli arbrisseau de l'Europe, formant des haies charmantes à l'époque de sa floraison, qui a lieu pendant l'été.

LUPIN *varié.* Vous rendez le calme à mon âme. Cette plante se trouve dans le midi de la France et fleurit en juin et juillet.

LYCHNIDE *compagnon,* ou *Jacée des jardins.* Je ne puis vous quitter.

LYCHNIDE de *Chalcedoine.* Voir *Croix de Jérusalem.*

MARGUERITE. Plante dont on distingue deux sortes, savoir : la grande et la petite. La Marguerite grande est l'ornement des parterres pendant l'automne ; elle tient son rang parmi les fleurs de la grande espèce. Ses fleurs sont sans odeur, belles, radiées. La Marguerite petite ou paquerette, ainsi nommée de sa floraison à Pâques, orne très-joliment les gazons champêtres.

Ses petites fleurs diffèrent des précédentes ; elles sont variées en couleurs ou doubles. C'est le symbole de *l'amitié*.

> Belle Marguerite,
> Souvent la pastourelle
> Loin de son jeune amant
> Se dit : M'est-il fidèle ?
> Reviendra-t-il constant ?
> Tremblante, elle te cueille ;
> Sous son doigt incertain
> L'oracle qui s'effeuille
> Révèle son destin.

MARGUERITE DES PRÉS . . J'y songerai.

— *petite dou-*

ble. . . . . Je partage vos sentiments.

— *paquerette..* Innocence, simplicité
naïve.

> Des mains de la nature
> Echappée au hasard,
> Tu fleuris sans culture
> Et tu brilles sans art.
> Telle qu'une bergère
> Oubliant ses appas,
> Sans apprêts tu sais plaire
> Et ne t'en doutes pas

— *reine.* . . . Splendeur.

MARJOLAINE . . . . . . Toujours heureux.

MANDRAGORE. . . . . . Rareté.

MANCENILLIER . . . . . Fausseté.

MACJON, *gland de terre, sane,* plante vivace des champs ; jolie fleur papillonnacée, purpurine ; tubercule à sa racine de la forme d'un gland ; peau noire, chair blanche ; se mange cuit sous la cendre et à l'eau ; sa saveur est celle d'une châtaigne ; il contient du sucre et une fécule. Il serait utile d'essayer de cultiver cette plante comme fourrage. Son symbole est *prévoyance.*

MAHALEB (prunes mahaleb), bois de Sainte-Lucie,

La bonne odeur de son bois lui a fait donner pour symbole *enivrement des sens.*

MABRONNIER D'INDE... Luxe.

MARSAULT, *osier noir,* arbre moyen, espèce de saule ; ses fleurs nombreuses, très-printanières, fournissent aux abeilles du miel et de la cire. Symbole, *lumière, intelligence.*

MATRICAIRE........ Passion violente.
MAUVE.......... Sincérité.
MARTAGON. Voy *Lys.*
MÉLISSE-CITRONNELLE.. Plaisanterie.
MÉLISSE......... Audace.

MÉLISSE, plante vivace du sud de la France ; fleur blanche, labiée, odeur de citron ; elle entre dans la composition de l'eau dite *des Carmes.* Symbole, *soulagement.*

MENTHE POIVRÉE.... Chaleur de sentiment.
MÉLONGÈRE. Voy *Aubergine.*
MÉNYANTE-D'ETHIOPIE.. Calme, repos.
MERCURIALE....... Apparence trompeuse.

MEZÉREUM, *bois-joli* arbuste des forêts, improprement appelé *lauréole femelle;* cultivé dans les jardins ; donne en hiver, avant les feuillles, des fleurs blanches ou rouges, odorantes, adhérentes aux rameaux. Toutes les parties de cet arbuste sont caustiques. Son symbole est celui d'un *caractère contrariant.*

MIGNARDISE........ Enfantillage.
MIROIR DE VÉNUS.... Flatterie.
MILLE-PERTUIS..... Oubli.
MOLÈNE......... Mollesse, nonchalance.
MOGORIE........ Légèreté d'esprit.
MOMORDIQUE PIQUANTE. Critique.

Morgeline, ou *mouron*, plante annuelle des lieux cultivés, grène promptement, se reproduit cinq fois dans la même année. Il se mange en salade et sert à nourrir les oiseaux. Symbole , *rendez-vous.*

Morelle douce-amère.. Vérité.

Morée d'orient. . . . .. Résistance.

Mousses. . . . . Amour maternel.

Muflier *des jardins,*. . Présomption.

Muguet, petite plante vivace des bois ; aime l'ombre ; racines traçantes, fleur blanche d'une odeur très-suave ; ses variétés sont à fleur double et rouge. Symbole, *retour du bonheur, fatuité.*

Murier blanc . . . . . Sagesse.

— *à fruit noir.* . . Je ne vous survivrai pas.

Le mûrier blanc, arbre naturalisé en Europe, est le plus généralement cultivé pour les vers à soie. Prodige étonnant de la nature, il contient et fournit les éléments qui procurent ces étoffes si douces et si belles dont se pare la beauté.

Muscari du Levant. . . Désir de plaire.

Myosotis. . . . . Souvenez-vous de moi, ne m'oubliez pas.

Cette petite plante vivace et rustique (*scorpions des marais*), produit, d'avril en août, de charmants épis de petites fleurs d'un bleu céleste. On la cultive en terre humide, et on la multiplie de graines ou d'éclats.

Fleur naine et bleue et triste, où se cache un emblême,
Où l'absence a souvent retrouvé le mot : j'aime,
Où l'aile d'un phalène a déteint ses couleurs,
Toi qu'on devrait nommer le colibri des fleurs,
Traduis-moi ! porte au loin ce que je n'ose écrire ;
Console un malheureux, comme eût fait un sourire.
Enlevée au ruisseau qui délasse mes pas,
Dis à mon cher absent qu'on ne l'oubliera pas.

MYROBOLAN . . . . Privation.
MYRTE. . . . . Amour, tendre retour.
— *fleuri*. . . . . . . Amour trahi.

Le myrte commun, qui croît en France, est un charmant arbrisseau dont le feuillage toujours vert contraste agréablement avec ses jolies fleurs blanches qui paraissent en été.

> Son immortelle verdure
> Embellit tout l'univers,
> Et lui prête une parure
> Que respectent les hivers.

MYRTILE, *raisin des bois*, arbuste traçant ; ses baies, d'un bleu foncé, se mangent fraîches, avec de la crême, dans les tartes : les coqs de bruyères en sont friands ; on les emploie dans la teinture. Symbole, *nouveauté, trahison*.

> Que j'aime ces bois solitaires !
> Aux bois se plaisent les amants ;
> Les nymphes y sont moins sévères
> Et les bergers plus éloquents.
>
> Les gazons, l'ombre et le silence
> Inspirent de tendres aveux ;
> L'amour est aux bois sans défense,
> C'est aux bois qu'il fait des heureux.
>
> O vous qui, pleurant sur vos chaînes,
> Sans espoir servez sous ses lois,
> Pour attendrir vos inhumaines,
> Tâchez de les conduire aux bois.
>
> Venez aux bois, beautés volages ;
> Ici les amours sont discrets :
> Vos sœurs visitent les ombrages,
> Les grâces aiment les forêts.
>
> Que ne puis-je, aimable Glicère,
> M'y perdre avec vous quelquefois !
> Avec la beauté qu'on préfère,
> Il est si doux d'aller aux bois.

NARCISSE. On en distingue surtout quatre espèces, et leurs variétés cultivées dans les jardins;
toutes, plantes bulbeuses, vivaces, odorantes; deux
naturelles en France, deux étrangéres naturalisées.
La première, *Narcisse* des poètes, ou *Jeannette*, est
à fleurs blanches, grandes, solitaires; simples ou
doubles; la seconde, Narcisse commune, *Aillau, Po-*
rion, à fleurs jaunes, grandes, solitaires, simples on
doubel; la troisième, *Narcisse de Constantinople* à

bouquets, petites fleurs jaunâtres rassemblées ; la quatrième, *Narcisse Tasette* (fleurs blanches rassemblées), originaire du sud de l'Europe. Le narcisse croît même dans l'eau ; est cultivé dans l'intérieur des maisons. La Hollande en fournit plusieurs variétés à bouquet. Symbole, *enfant aimé d'un Dieu.*

Narcisse, à ta beauté dis un dernier adieu.
Penche-toi sur les eaux pour l'admirer encore.

NARCISSE JAUNE . . . . . Egoïsme.
—   *blanc*. . . . . . . Amour de soi-même.
—   *la fleur* . . . . Passion honteuse.
—   *de Constantino-*
      ple . . . . . Médisance, amour-propre.
— *des poètes*. . . . . Jalousie, rivalité.
NAÏADE DES PRÉS. Voy. *Colchique.*
NÉFLIER . . . . Sombres réflexions.
NÉMÉSIE *fleurie*. . . . . Légèreté, folie.
NEMOPHILE (*Nemophila insignis*). . . . . . . Orgueil, amour-propre.
NÉNUPHAR. . . . . . . Froideur.

NIGELLE *de Damas*, vulgairement *cheveux de Vénus. Les tresses de vos cheveux sont autant de chaînes pour mon cœur.* Voy. p. 22.

Cette plante fleurit depuis le mois de mai jusqu'en septembre ; elle se fait remarquer dans nos parterres par ses fleurs d'un beau bleu céleste, entourées de filets verts assez semblables à des cheveux, ce qui lui a fait donner son nom vulgaire.

NOYER. . . . . Religion.
NYMPHÆA-LOTUS. . . . Eloquence.
NOBLE-ÉPINE Voy. *Épine.*
NOISETIER . . . . Promenade sentimentale.
NOMBRIL DE VÉNUS . . . Amour clandestin.
NYCTÈRE DE L'AMAZONE. Courage dans le péril.

OEILLET *des jardins*, plante vivace, toujours verte ; fleurs variées, simples, doubles ; les semis de graines bien choisies fournissent de belles variétés ; quelques-unes donnent des fleurs toute l'année ; l'œillet se multiplie aussi de marcotte, de bouture, craint les fortes gelées. On fait du ratafia avec les pétales d'une espèce à fleur rouge, qu'on cultive à cet effet en grand. Les fleurs simples plaisent aux abeilles.

La découverte de l'œillet remonte au roi René d'Anjou, qui le premier en a enrichi la France. Ovide, dans ses *Métamorphoses*, raconte ainsi l'origine de l'œillet : Diane, dit-il, dans un de ses accès de mauvaise humeur, rencontra un jeune berger dans la campagne et lui arracha les yeux. Un instant après, bien qu'elle les trouvât fort jolis, elle ne sut qu'en faire et les jeta sur son chemin. Ces yeux germèrent et produisirent chacun un œillet (*petit œil*). L'on parle aussi de la passion du grand Condé pour ces fleurs, qu'il cultivait lui-même à Chantilly, ce qui fit dire à Mlle de Scudéry :

> En voyant ces œillets qu'un illustre guerrier
> Arrose d'une main qui gagna des batailles,
> Souviens-toi qu'Apollon bâtissait des murailles
> Et ne t'étonne plus que Mars soit jardinier.

Au seizième siècle on ajoutait au nom de cette fleur celui de giroflée, par rapport à son odeur qui approche beaucoup du girofle. Son symbole est celui d'un amour pur.

> Quand je vois cette fleur brillante
> Qu'une main douce et bienveillante
> Protégea si longtemps,
> Je songe à la fille adorée,
> D'espoir, de bonheur enivrée
> Que l'on marie à dix sept ans :
> Comme la fleur elle n'a point d'égide ;
> Eclose au souffle de l'amour,
> En riant elle cherche un guide
> Pour son cœur aimant et candide
> Que la déception doit flétrir un jour.

L'ŒILLET *blanc*		Amour vif et pur.
— *ponceau*		Horreur.
— *jaune*		Dédain.
— *rouge*		Energie.
— *rose*		Talent.

—	*mélé*........	Encouragement.
—	*incarnat*....	Réciprocité.
—	*dinde*......	Flatterie.
—	*de poêle*....	Finesse.
—	*panaché*....	Refus d'amour.
—	*violet*......	Aversion.
—	*de Paris*....	Coquetterie.
—	*de Dieu*....	Amour divin.
—	*mignonnette*..	Amour filial.
—	*de plume*...	Amour des lettres.

OLIVIER............ Pain.

OPHRISE-ARAIGNÉE... Adresse.

— *mouche*.... Erreur.

ORANGER.......... Générosité, douceur.

— *fleuri*...... Chasteté.

OREILLE-D'ANE..... Sentiment inaltérable.

— *de lièvre*. Voy. *Néflier*.

— *d'ours*...... Séduction.

— *de souris*. Voy. *Primevère*.

ORNITHOGALE, *épi de la*
Vierge.......... Pureté.

ORTIE, *Urtica*. Ses fleurs sont disposées en grappes. *L'Urtica* tire son nom du latin *urere*, (brûler), à cause de la sensation que font naître ses feuilles. Ses fleurs, agréables à la vue, infusées dans du vin, peuvent remplacer le quinquina dans les potions anti-fièvreuses. Symbole, *utilité*.

OSIER............ Franchise.

OSMONDE.......... Rêverie.

OUBLI, *grande lunaire*.. Oubli, inconstance.

OXALIS........... Joie.

OXIACANTHA. Voy. *Epine*.

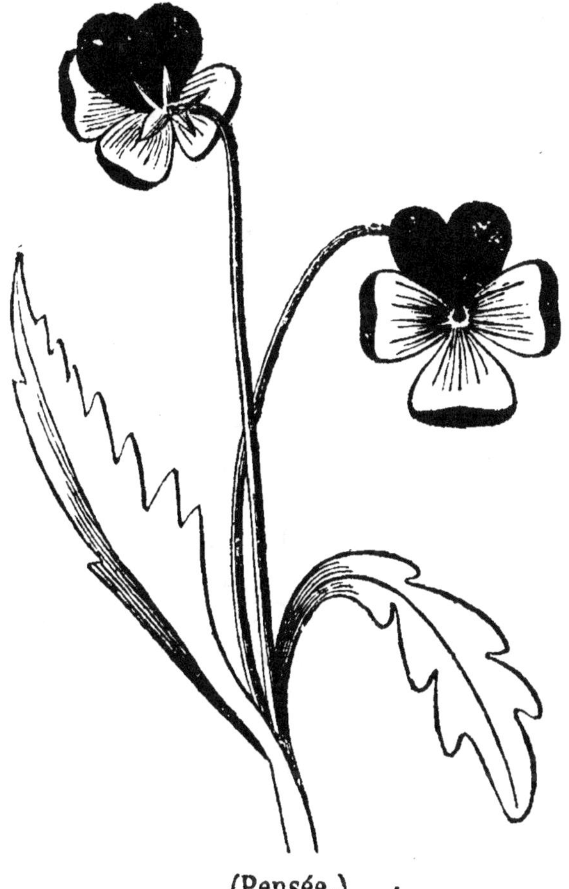

(Pensée.)

PAILLE *brisée*. . . . . Rupture.
— *entière*. . . . . . . Promesse d'amour,
                         union.
PANCRAIN D'ILLYRIE. . . Soupçons.
PARIÉTAIRE. . . . . Misanthropie.
PARNASSIE. . . . . Mésintelligence,
PAQUERETTE. Voy. *Petite Marguerite*.
PASSE-ROSE. . . . . . . Plaisir doux, calme.
PATIENCE. . . . . Accords, patience.

PAS-D'ANE ou *Tussilage*.   Entêtement.
PASSE-VELOURS. Voy. *Amaranthe*.
PAVOT. . . . .   Langueur.
— *blanc*. . . . . .   Soupçon, sommeil du
                        cœur.
— *noir*. . . . . . .   Léthargie.
— *mélé*. . . . . . .   Surprise.
— *rouge*. . . . . . .   Orgueil.
— *simple*. . . . . .   Etourderie.
— *rose*. . . . . . .   Vivacité.
PÊCHE *commune*. . . .   Bonté rustique.
— *pavi rouge de*
    Pompone. . .   Gaillardise.
— *violette*. . . . .   Grandeur, honneur.
— *brugnon*. . . . .   Brutalité.
— *abricotée*. . . .   Convoitise.
— *sanguinole*. . . .   Cruauté.
— *alberge jaune*. .   Tromperie amoureus
— *bourdine*. . . .   Piété feinte.
— *téton de Vénus*.   Concupiscence.
— *madeleine vio -*
    lette. . . . .   Repentir, larmes d'a-
                       mour.

PENSÉE, petite plante détersive, vulnéraire et
sudorifique, agréable par l'élégance de ses fleurs,
la vivacité, l'harmonie, le velouté de leurs couleurs;
elles sont légérement odorantes. On en cultive deux
espèces : l'une annuelle, très-commune, se sème
d'elle-même, fleurit presque toute l'année, donne
beaucoup de variétés; l'autre, vivace, peut se multi-
plier en partageant ses touffes. L'on donne aussi
à la *Pensée* le nom de fleur de la *Trinité* à cause de
ses trois couleurs. Chaque feuille, suivant les espèces,
est pourpre ou bleu, jaune et blanche; ses fleurs sont
magnifiques et égalent la douceur du velours; elles

sont propres aux maladies des nerfs. C'est l'emblème d'un *souvenir expressif*.

> Pensée au souvenir d'amour,
> Où sont ces jours où tu disais : La vie,
> Sans toi n'est rien ! le bonheur, oh ! c'est toi,
> Toi, c'est le Dieu dont mon âme est ravie
> Qui seul m'anime, en qui j'ai mis ma foi.
> Que fait la mort ? Elle peut nous surprendre ;
> On aime au ciel comme on aime ici-bas.
> De tout ce feu reste-t-il une cendre,
> Ils sont passés ! ils ne reviendront pas.
> Où sont ces jours où sur notre paupière
> Jamais sommeil n'étendait ses pavots ?
> Nous maudissions l'indiscrète lumière
> Qui mettait fin à des amours nouveaux ;
> Satiété fuyait sous le sourire
> Que tu jetais, enlacée à mes bras.
> Notre repos c'était notre délire :
> Ils sont passés, ils ne reviendront pas !

PERCE-NEIGE. . . . . . . Consolation.

PERSIL. . . . . Festin.

PERVENCHE, plante vivace des bois, ligneuse, rampante ; branches longues ; flexibles ; feuillage d'un beau vert ; fleurs bleues, agréables ; se plaît à l'ombre. Deux espèces ; l'une à les feuilles, les fleurs grandes ; l'autre espèce plus petite, vraie, à feuilles panachées, à fleurs blanches, pourpre, simples ou doubles. Symbole, *doux souvenirs*.

PERVENCHE de Madagas-
car à fleurs roses et
blanches. . . . . . . Amitié éternelle.

PEUPLIER *blanc*. . . . . Bon emploi du temps.

— *noir*. . . . . Courage.

— *tremble*. . . . Gémissement.

PIED *d'alouette, ou dau-*
phinelle. . . . . . . Légéreté, timidité, ingé-
nuité.

— *de griffon*. Voy. *Ellébore*.

PIN... . . . . Hardiesse.

PISSENLIT.. . . . . Oracle des champs.

Le Pissenlit est extrêmement répandu sur toute la surface du globe ; on le trouve partout, dans les marais comme sur les plus hautes montagnes ; il fleurit toute l'année.

Tout le monde connaît la forme de ses semences, avec lesquelles les enfants jouent en les soufflant au vent.

PIVOINE, plante vivace, fleur simple, doubles racines charnues contenant de l'amidon ; cultivée dans les jardins. On distingue deux variétés improprement nommées *mâles*, *femelles*. La première a ses feuilles d'un vert foncé, son fruit plus rond, plus gros. Symbole, *honte*.

PIVOINE *double*. . . . . Eclat.

PLANTE AUX ŒUFS. Voy. *Aubergine*.

PLATANE.. . . . . Génie.

PLUIE-D'OR. . . . . . . Avarice.

POIS-FLEUR . . . . . . Plaisir délicat.

POLÉMONE *bleue* . . . . Rupture.

POLYGALA . . . . Retraite.

PHYTOLACCA, *laque végétale* ou fausse laque. Le jus des baies de cette plante étant mêlé avec quelques gouttes d'acide nitreux ou de dissolution d'étain, puis tenu à une chaleur douce, ou dans un vaisseau de verre, jusqu'à ce qu'il soit séché, donne une couleur dont peuvent se servir les enlumineurs de cartes ou d'estampes. Son symbole est *timidité, honte*.

PLUMBAGO. La racine de cette plante infusée à froid dans de l'huile d'olive guérit la gale des hommes et des animaux. Son symbole est *bienfaisance*.

Pommifère. Voy. *Rose.*

Pomme-d'Adam. Voy. *Bigareau.*

Pommier. . . . . Choix, préférence à la plus belle.

Poirier. . . . . L'éducation a développé vos bonnes qualités.

Pomme d'amour. . . . . Beauté sans bonté.

Primevère, ou *Primerole*, plante vivace, basse, à tiges ou sans tiges. Ses fleurs odorantes sont à bord plat ou concave, simples ou doubles, de couleurs diverses. Un grand nombre de variétés sont cultivées dans les jardins. Ses feuilles se mangent cuites ; ses fleurs parfument le vin et ses racines la bière. Symbole, *crédulité, première jeunesse.*

> La Primevère sort de l'herbe
> Déployant ses grappes en fleurs.
> Que lui sert son luxe superbe ?
> La pauvrette n'a pas d'odeur (1).

Printanière. . . . . . . Jeunesse.

Prunier. Cet arbre produit un fruit à noyau nommé *prune* ; il en existe un grand nombre de variétés qui diffèrent par la forme, la couleur, la grosseur, la saveur, l'époque de la maturité de leurs fruits. Symbole, *exemple.*

Prune. *jaune hâtive.* . . Tenez vos promesses.
— *précoce de Tours.* Confiance dans l'amitié.
— *de Monsieur.* . . Bonne foi dans le commerce.
— *de Reine Claude.* Justice, bonté.
— *de damas d'au-*

(1) Nous parlons, bien entendu, de la primevère jaune des bois.

tomne . . . . Économie, projet.
— *abricotée* . . . . . Bonté, obligeance.
— *claude violette*. . Politesse, sociabilité.
— *suisse* . . . . Discrétion.
— *perdrigon rouge*. Reconnaissance.
— *de Catherine*. . . Respectez la vieillesse.
— *virginale* . . . . . Piété filiale.
— *roche corbon ou*
diaprée rouge. Amour de la patrie.
— *damas blanc* . . Sobriété, tempérance.
— *de couetsch*. . . . Fuyez l'oisiveté.
— *sauvage ou pru-*
nelle . . . . . Indépendance.
PTÉLÉE *trifoliée*. . . . . Légèreté, franchise.
PTÉROCARYA *à feuilles de*
frêne. . . . . Sympathie.
PULMONAIRE de Virginie
— *blanche*. . . Constance.
— *bleue*. . . . Sincérité.
— *rouge*. . . . Amour violent.
PYRAMIDALE . . . . . . Orgueil.
— *bleue*. . . . Constance.
PYROLE *à feuilles rondes*. Duperie, infidélité.

N'aimez jamais qu'on ne vous aime :
L'amour n'est rien, si l'on n'est deux.
Veut-on changer, changez de même ;
C'est le vrai moyen d'être heureux.
Quand un cœur à nous s'abandonne,
Recevons-le pour ce qu'il vaut :
Souvent l'inconstance le donne,
Et le reprend presque aussitôt.
Est-il étrange qu'une belle,
Après vous, fasse un autre choix ?
Souvenez-vous qu'une infidèle
Ne l'est jamais pour une fois.

QUARANTAINE, giroflée annuelle très-cultivée, de la famille des *crucifères*. C'est une des plantes domestiques que les soins et la culture ont entièrement modifiées. Le type duquel on a tiré toutes les espèces de giroflées, aujourd'hui l'ornement de nos jardins, est une plante fort ordinaire sous tous les rapports, à fleurs jaunâtres et en croix, de peu d'apparence, et qui vient ordinairement sur les vieilles murailles, les décombres, les rochers et parfois dans les jardins. L'on compte 34 espèces de giroflées doubles et simples de toutes couleurs. Cette plante commence à fleurir au printemps; aussi a-t-elle inspiré ce couplet de nos pères:

> Que j'aime à voir la giroflée
> Sur de vieux murs croître et fleurir;
> L'aspect de sa tige embaumée
> Me fait tressaillir de plaisir.
> Giroflée, au printemps,
> Viens orner la tourelle
> Et que ta fleur nouvelle
> Ramène le beau temps.

Nous nous sommes suffisamment étendus à l'article *Giroflée* sur le symbole des diverses espèces de cette famille, pour qu'il ne nous soit pas nécessaire de nous répéter ici.

QUAMOCLIT, ou *Jasmin de Virginie*.... Amabilité

QUAMOCLIT *écarlate*, fleurs petites rouge vif...... Douceur de caractère.

QUAMOCLIT *pourprée*, grandes fleurs pourpres en-dedans, violettes en dehors........ Bienfaisance.

QUAMOCLIT *changeant*, fleur bleue nuancée de rose......... Je suis sensible à vos peines.

QUERCITRON, espèce de chêne fournissant une couleur jaune serin très-solide. Glands ronds, feuilles velours en dessous. Symbole, *orgueil, vanité.*

QUERCUS. Voy. *Chêne.*

QUEUE-DE-LION ou Phlomide, arbrisseau formant buisson, fleurs jaunes. Symbole, *inconduite.*

QUEUE-DE-POURCEAU, ou fenouil de porc, ou peau cédane. Croît dans les lieux marécageux, maritimes et même sur les montagnes. Petites fleurs jaunes à 5 feuilles disposées en roue... Bonheur champêtre.

QUEUE-DE-RENARD. Voy. *Astragale.*

QUISQUALE de l'Inde, fleurs d'un écarlate très-vif (terminales). Symbole, *majesté, puissance.*

QUINTE-FEUILLE . . . . . Fille chérie, innocence.

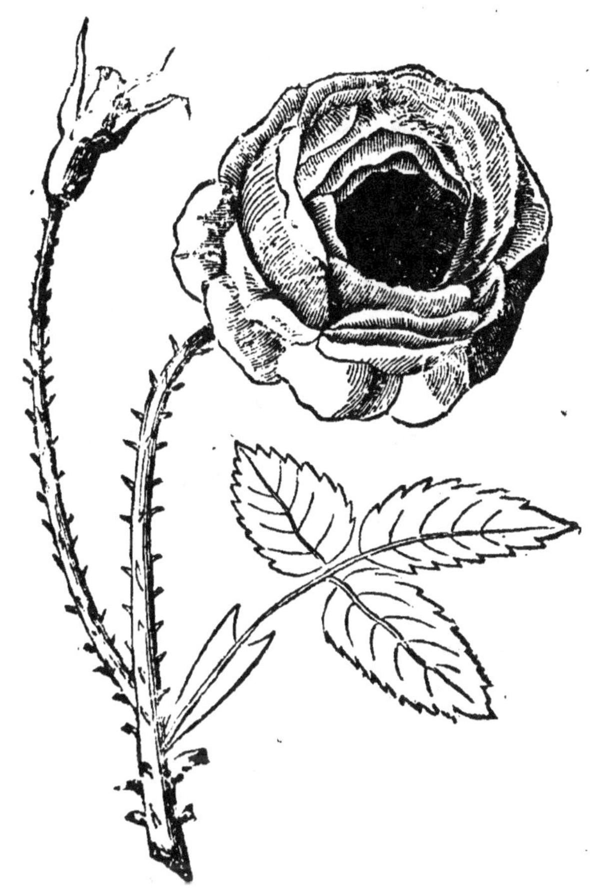

(Roes.)

RENONCULE (*Renonculus*). Cette plante ornement des jardins, a des qualités très-malfaisantes.
Symbole, *impatience.*

RENONCULE asiatique;
horslebleu, nulles cou-
leurs ne lui sont étran-
gères.. . . . .   Vous êtes brillantes d'attraits,

—   *âcre.* Voy. *Bouton d'or.*

—   *des prés* ou
 bassinet. . .   Malice, besoin de nuire.

—   *boutons d'ar-*
gent, petits pompons
blancs. . . . .   Avarice, méchanceté.

—   *scélérate*, qui se trouve au bord des eaux, contient un poison si violent que les feuilles de cette plante, appliquées sur la peau, causent en peu d'heures des ulcères profonds et la gangrène. *Ingratitude.*

Réséda *odorant*, dit *amourette d'Egypte*, plante bisannuelle, originaire d'Egypte, odeur suave et fugace ; il parfume les jardins. Son symbole dit *vos qualités surpassent vos charmes.*

> Réséda, plante gracieuse,
> Dans ta corolle vaporeuse,
> Vient se bercer chaque brise du soir :
> Son haleine, que tu parfumes
> Sous tes fleurs glisse dans les brumes,
> Comme l'encens à travers l'encensoir.

Romarin. . . . .   Bonne-foi, votre présence
                             me ranime.

Ronce (*Rubus*), arbuste
des champs. . . . . .   Envie, soucis.

Roquette. . . . .   Je brûle.

Avant d'entreprendre le long article des roses, nous avons divers avis à donner à nos lecteurs, qui seront sans doute contents de les rencontrer ici.

Manière d'extraire la partie colorante des pétales de certaines
fleurs pour en former des couleurs propres au lavis ou enlu-
minures.

Prenez une certaine quantité de fleurs d'iris ou de flambe, que vous pilerez dans un mortier de marbre, après en avoir ôté le calice. Lorsque les pétales de ces fleurs commenceront à se réduire en une espèce de bouillie par la trituration, saupoudrez toute cette matière avec de l'alun de roche, mis en poudre très-fine : vous continuerez ensuite de piler ce mélange, et vous exprimerez le suc à la presse, lorsqu'il ne restera plus rien sous le pilon qui lui résiste. Vous recevrez cette liqueur dans une vessie que vous suspendrez dans la cheminée. Au bout d'un certain temps, elle s'y épaissira et se convertira en une substance pareille à la gomme, avec cette différence qu'elle sera d'un vert noirâtre. Cette matière étant dissoute dans l'eau pure, donne un très-beau vert, que l'on connaît vulgairement, dans la pratique de l'enluminure, sous le nom de *vert de vessie.* On en varie les nuances en y ajoutant de la gomme gutte ou du vert-de-gris distillé, appelé *vert d'eau.* C'est avec ce dernier mélange que l'on peint les arbres dans les plans. Si l'on substitue les pétales de *roses blanches* à celles des *flambes* ou *fleurs d'iris,* et qu'on les prépare comme les dernières, on en retire un très-beau jaune. Les pétales des *fleurs de lys,* qui sont d'une couleur pourpre, donnent un très-beau vert, mais on doit piler ces dernières avec un peu de chaux. On fait épaissir au bain-marie le suc que fournissent ces différentes fleurs, après avoir été triturées et broyées dans le mortier de marbre.

Moyen pour distiller les fleurs sans alambic sur un pot de terre vernissé.

Posez un linge un peu fin, que vous arrêterez avec un cordon aux bords extérieurs du vase. Ce linge tombera dans le vase en forme de poche, jusqu'à la moitié de sa profondeur. On remplira la poche avec les végétaux dont on voudra tirer l'eau, comme *roses*, *romarin* et autres. Ensuite on fera chauffer le cul d'une assiette que l'on posera sur les plantes, et on la remplira de cendres chaudes, ou même de charbons ardents : les végétaux rendront toute leur eau dans le vase comme dans un alambic, et c'est ce qu'on aura le plaisir de voir, si, au lieu d'un pot de terre, on se sert d'un vase de verre. Le temps le plus favorable pour distiller les plantes est celui où elles sont dans leur sève ; on doit en excepter les racines qu'il ne faut prendre que lorsque la sève est passée. On serrera dans une bouteille bien bouchée l'eau distillée, et si l'on s'aperçoit qu'elle dépose un limon, on versera dans une autre bouteille.

Procédé pour avoir des fleurs fraîches en toute saison.

On choisira les boutons les plus parfaits de l'espèce des fleurs que l'on voudra conserver ; au reste il sera bon qu'on les prenne parmi les plus tardives et celles qui mettent le moins de temps à s'épanouir. La manière de les cueillir sera de les couper avec des ciseaux, en observant de leur laisser, s'il est possible, une queue de la longueur de trois pouces. Cela fait, on se hâtera de boucher hermétiquement avec de la cire d'Espagne l'extrémité de cette queue, et après en avoir un peu comprimé les boutons et entr'ouvert, avec l'ongle, leurs sommités, on les enveloppera, chacun séparément, dans un papier propre et sec ; de cette manière, on peut compter qu'ils ne se gâteront point.

En hiver, ou en toute autre saison, si l'on veut avoir des fleurs, on coupera le soir, le bout de la tige, enduit de cire d'Espagne, et l'on mettra les boutons de fleur dans de l'eau, après y avoir infusé un peu de salpêtre ou de sel. Le lendemain on aura le plaisir de voir les boutons s'épanouir, et les fleurs offrir à l'œil leurs couleurs nuancées, et à l'odorat leur parfum délicieux.

ROSE. Le rosier vient spontanément dans presque toutes les contrées de l'Europe; la fleur est composée d'une corolle à cinq pétales rouges et d'un calice à cinq divisions.

On compte plus de cent espèces de *roses*; elles fleurissent en juin et en juillet; les feuilles s'emploient en parfumerie. On croit généralement que la *rose* est originaire de l'Orient. Aussi Delille a dit quelque part.

L'empire d'Orient est l'empire des roses.

La rose embellit tous les lieux qu'elle habite; c'est la reine des fleurs, son odeur est suave et n'entête point. Elle est, par son existence éphémère, l'emblème de la fragilité, de la beauté et des plaisirs.

> Pare le sein de mon amie
> Rose chérie, aimable fleur,
> Qu'elle te donne sur son cœur
> La place que chacun envie.
> Tel est le trône où doit mourir
> L'objet des baisers du zéphir,
> La reine des bosquets de Flore.
> Mais un instant tu dois jouir,
> Car l'instant qui t'a fait éclore
> Est celui qui doit te flétrir.

Rose *blanche* ou *alba*. . Intérêt, innocence, silence.

— *blanche avec une rouge.* . . . . . . Feu du cœur.

— *desséchée.* . . . . . . Plutôt mourir que de perdre l'innocence.

Puis-je vous l'avouer? je n'ose.
Lorsque je vois une femme mourir,
Il me semble voir une rose
Se dessécher au souffle du zéphir.

— *jaune*.......... Infidélité, honte.
— *naine*.......... Chagrin, qui sera de courte durée.
— *capucine*....... Eclat, fausse gloire.
— *thé*........... Habitude salutaire.
— *de chien*. Voy. *Eglantine*.
— *sauvage*........ Simplicité.
— *à cent feuilles*.... Grâces.
— *des quatre saisons*.. Beauté toujours nouvelle.
— *mousseuse*....... Amour, volupté.
— *musquée*........ Beauté capricieuse.
— *panachée*....... Amour trahi.
— *pompon*........ Gentillesse.
— *trémière*....... Fécondité.
— *de Bengale*..... Beauté, fraîcheur. Cette dernière fut importée en Europe par lord Macartenay gouverneur-général de l'Inde en 1799.
— *simple*........ Goût modéré.
— *sans épine*..... Confiance.
— *(une feuille)*.... Jamais je n'importune.
— *épanouie*...... Beauté passagère.
— *agate*......... Beauté sans parure.

Tendre fruit des pleurs de l'aurore,
Objet des baisers du zéphir,
Reine de l'empire de Flore,
Hâte-toi de t'épanouir:
Que dis-je, hélas! diffère encore,
Diffère un moment de t'ouvrir,
L'instant qui doit te faire éclore
Est celui qui doit te flétrir.

Rosier au milieu d'une
touffe de gazon. . . . . L'on gagne tout en bonne
compagnie.

Rose *en bouton.* . . . . . Cœur innocent.
Sitôt que viennent les chaleurs,
Zéphir de ses ailes légères
Ouvre le calice des fleurs,
Et le corset de nos bergères.
En tout lieux ainsi qu'en tout temps
L'amour arrange bien les choses :
Il sait que partout au printemps
On doit voir des boutons de rose.

Rose *noisette.* . . . . . . Beauté champêtre.
Roseau *plumeux.* . . . . Indiscrétion.

On trouve ce roseau dans les lieux couverts et
dans les marais des bois.

Roseau *canne,* grande plante vivace, ligneuse,
du sud de la France; ses tiges droites, creuses, forment des tubes divisés par des nœuds espacés également; s'élèvent de 10 à 15 pieds; leur surface est
dure et comme vernissée. On fait avec ces cannes
des hanches de haut-bois, de musette et des chalu-
meaux. Une variété panachée, plus délicate, est
nommée *Roseau-ruban.* Son symbole est celui *de la
musique.*

Rudbéque *lacinié,* fleurs
radiées jaunes . . . . . Tout à vous mon cœur.
Ruellie *élastique,* fleurs
d'un lilas tendre. . . Premier aveu.
Ruellie *ovale,* grandes
fleurs bleues. . . . . Intrigante.
Ruellie *multiflore,* pa-
nicules de fleurs écar-
late . . . . Insouciance.
Rhue *jardins.* . . . . . . Mauvais cœur, marâtre.
— *des sauvages.* . . . . Mœurs dissolues.

(Seringa.)

SABINE arbrisseau résineux toujours vert, originaire du midi de la France, du genre du génevrier ;
aime l'ombre : sa forme est irrégulière, son odeur
très-forte. Deux espèces, l'une à feuilles de cyprès,
improprement appelée *mâle*, c'est la plus commune ;
l'autre à feuilles de tamarin, improprement appelée
femelle ; l'une et l'autre varient, à feuilles panachées,
Dépit maternel , haine de la progéniture.

Safran d'automne, plante vivace, *bulbeuse*, cultivé en grand dans plusieurs départements; celui du *Gâtinais* est très-estimé. Du milieu de la fleur s'élève un *pistil* blanchâtre, divisé à son extrémité en trois parties de couleur orangée, qui forment le *stigmate;* il est seul odorant, seul recherché. Il sert à la peinture, la teinture, colore, assaisonne les aliments, les boissons, les liqueurs. Son symbole est *n'abusez pas.*

Sain-Foin oscillant (*Esparcette*), plante vivace, à fleur rouge rayée, en épi; racine pivotante. Il résiste au froid, à la sécheresse. C'est un très-bon fourrage pour les animaux. *Agitation.*

Salicaire..........	Prétention.
Saponnaire.........	Amour voluptueux.
Sapin............	Elévation.
Sardonie..........	Ironie.
Sauge (*petite*).......	Estime.
Saule pleureur ou *de Babylone*.........	Mélancolie.
Scabieuse.........	Mystère.
Sensitive.........	Pudeur, sensibilité.
Serpentaire.......	Horreur.
Serpolet.........	Etourderie.
Siste...........	Sûreté.

Soleil, plante dont la fleur est une des plus belles et des plus extraordinaires et à laquelle, par la facilité à se la procurer, on fait peu d'attention : elle ressemble absolument au disque du soleil dont elle tire son nom. *Fausses richesses.*

> Non, tu n'as pas quitté mes yeux,
> Et quand mon regard solitaire
> Cesse de te voir sur la terre,
> Soudain je te vois dans les cieux.

Souci...........	Peine, chagrin.

— *pluvatile.* . . . . . .   Présage.
— *et cyprès unis..* . . .   Désespoir.

Aux approches du mauvais temps, le *Souci pluvial* semble prévoir l'orage, et ferme ses jolies fleurs d'une belle couleur pourpre en dehors et blanche en dedans ; on le cultive depuis longtemps en Europe, où il fleurit tout l'été.

Spirée *ulmaire.* . . . . .   Inutilité.
Statice *maritime.* . . .   Sympathie.
Stramoine *commune.* .   Déguisement.

Le *Stramoine* est une plante d'une très-belle apparence, mais dont on doit se méfier comme d'un poison dangereux ; si on la froisse entre ses doigts, elle répand une odeur qui porte à la tête, et pourrait même occasionner des vertiges.

Statice (*gazon d'Olimpe*), plante vivace, très-basse ; ses fleurs blanches, rouges, ou gris de lin, durent longtemps. On en fait des bordures dans les jardins. Symbole *des grandeurs passées.*

Silvie, espèce d'anémone ; plante vivace des bois, printanière ; variétés à fleurs blanches, couleur de chair, doubles ; cette dernière cultivée dans les jardins. Son symbole est *je veux vous aimer.*

SÉRINGA ou *Syringa* (*Philadelphus*, f. des myrtes), arbuste recherchés dans les jardins pour leur nombreuses fleurs très-odorantes, et parce qu'ils se prêtent bien à la taille ; ils sont fort rustiques et indifférents sur le choix de l'exposition ; on les multiplie très-facilement de rejetons, d'éclats et de marcottes, et aussi, mais rarement, de graines et de boutures. On en cultive trois espèces. Séringa inodore, emblème de *l'amour fraternel.*

Séringa *odorant.* . . . . .   Mépris.

> Auprès d'un buisson d'aubépine
> Sentant leurs calices s'ouvrir,

Deux fleurs frémissaient de désir
Sous leurs peignoirs de mousseline;
Et s'embaumant pour les charmer
Dans les neiges de leur corolles,
Aux fleurettes les brises folles
Disaient : Il faut, il faut aimer.

Sᴙʟᴘʜɪᴜᴍ, fleurs terminales et jaunes, analogues à celle des soleils. Son symbole est *jalousie.*

Sɪʟᴘʜɪᴜᴍ *amplexicaule*
à feuilles renversées.. Constance.

Symphistum (*Consoude grande*), appelée vulgairement *Oreille d'âne* ou *langue de vache*, fleurs blanches rosées. *Sang chaud.*

Sʏᴄᴏᴍᴏʀᴇ. Voy. *Erable.*

Sʏᴍᴘʜᴏʀʏᴄᴀʀᴘᴇ (*Camerisier*), genre de chèvrefeuilles. Symbole, *doux lien.*

Sʏᴍᴘʜᴏʀɪɴᴇ *à grappes*, fruits blancs, forme et grosseur d'une cerise. Symbole, *gentillesse.*

Sʏsɪʀɪɴᴄʜɪᴜᴍ (*Bermudienne*), fleurs bleues, avec spathes colorées. Symbole, *vous êtes belle.*

Sᴛʏʟɪᴅɪᴇʀ *glanduleux*, fleurs petites jaunes ou rougeâtres, remarquables par l'irritabilité de leur style. *Jalousie.*

Sᴛʏᴘʜᴇ́ʟɪᴇ à 3 *fleurs*, pour les trois espèces. *Souvenirs d'amour.*

Quel doux parfum exhalent vos calices,
Suaves fleurs qu'obtient un tendre amant!
Oui, vous ferez pour toujours mes délices;
Mais de l'amour êtes-vous un présent?
Sur le livret où sont mes élégies
Je veux placer vos tiges réunies,
Pour en former un chiffre ingénieux
De mon secret gardien mystérieux.

(Tulipe.)

TARASPIC ou *Tlaspi*; quatre espèces cultivées dans les jardins ; la première, vivace, toujours verte, ligneuse, originaire de Sicile, fleur blanche crucifère qui dure tout l'hiver, demande à être abritée ; la seconde, vivace, toujours verte, ligneuse, plus basse, reste en pleine terre, donne au printemps une fleur blanche ; la troisième annuelle à fleur blanche ou gris de lin ; la quatrième annuelle, à fleur violette ou blanche. Ces deux dernières durent en fleur jusqu'à l'arrière saison. *Colère.*

Taminier. . . . . Soyez mon appui.

Taget *lagette*, originaire du Mexique. Deux espèces automnales annuelles; l'une connue sous le nom *d'Œillet d'Inde*, a une variété petite, simple, panachée; la seconde, *Rose d'Inde*, à fleur simple ou double, odeur forte. Il y a aussi une variété moins grande, plus hâtive. Symbole des *désirs d'amour*.

> Tes bouquets parfumés, tu me les offriras;
> Si je t'ai demandé beaucoup de fleurs pour elle,
> Va, je reviens encore, à mon amour fidèle,
> Te demander des fleurs, tu me les donneras.

Thym. . . . . Activité, jalousie.

Thymélée des Alpes, arbuste rampant, toujours vert, fleur pourpre, en ombelle, odeur très-suave, paraissant deux fois l'an; se cultive dans les jardins, aime l'ombre. Toute la plante est caustique : il y a une variété rare à fleur blanche. Son symbole est *humilité*.

> Modeste en ma couleur, modeste en mon séjour,
> Franche d'ambition, je me cache sous l'herbe;
> Mais si, dans votre main, je puis me voir un jour,
> La plus humble des fleurs sera la plus superbe.

Tilleul. . . . . Amour conjugal.

Tournesol. . . . . Intrigue.

— *en drapeau*, plante annuelle, commune dans le midi de la France. Les *Hollandais* nous l'enlèvent pour la mettre en *pain* et nous la revendent ensuite. Leur procédé est encore ignoré. On l'emploie en pain dans plusieurs arts, au lieu d'indigo; sa couleur est peu solide, et sert à faire reconnaître les substances acides. *Astuce*.

> Sans faste et sans admirateur,
> Tu vis obscure abandonnée,
> Et l'œil cherche encore ta fleur
> Quand l'odorat l'a devinée.

Troene, arbrisseau des bois, presque toujours vert ; fleurs blanches en bouquet, baies noires, qui fournissent aux arts une couleur bleuâtre, branches flexibles employées comme *l'osier*. *Fausseté*.

Truffe. . . . . Surprise.

Tue-Chien, plante vénéneuse dite *colchique*. Liaison dangereuse.

Toxicodendro , plante dont le suc est vénéneux. . . . . Empoisonnement.

Tubéreuse, plante vivace, bulbeuse, originaire de Ceylan ; tige élevée garnie de fleurs blanches très-odorantes, qui épanouissent successivement et durent trois mois. *Volupté*.

Tubéreuse *double*. . . . Indifférence.

TULIPE. Deux espèces, vivaces, bulbeuses ; l'une petite à fleur très-odorante, peu cultivée ; l'autre originaire d'Asie, naturalisée depuis 1559, a donné par les semis un très-grand nombre de variétés simples ou doubles, riches en couleur ; elles se multiplient par les caïeux, ne se panachent qu'après plusieurs années, et dégénèrent en vieillissant.

La Tulipe est, pour la beauté, une des fleurs privilégiées de la nature, mais aussi une des plus délicates. Cette fleur est le symbole d'une passion amoureuse. *Amitié constante*.

Ces jours derniers courant de boutique en boutique,
Je voulais pour Marie acheter un présent,
Rare surtout, et non pas magnifique,
    Qui pût lui plaire seulement.
    Tout est commun, rien ne me tente.
Cet objet est joli, mais pour le rajeunir,
C'est en vain que l'art se tourmente.
Un autre comme moi, mieux que moi, peut l'offrir.
    Un seul mot termine ma peine :
La chose la plus rare est un *ami constant*,

Murmure en soupirant
Lise qu'à mes côtés le même soin amène.
Ce mot sera ma loi :
J'allais chercher bien loin ce que j'avais chez moi.

TULIPE des fleuriste, ou
de *Gessner*.. .   Plaisirs champêtres.
— de Cels, fleurs
jaunes.. . . .   On vous rendra justice.
— de l'Ecluse, fleurs
blanches.. . .   Vertus enfantines.
— du duc de Tholl,
fleurs   rouges
et jaunes . . .   Dangers des richesses.
— *sauvage*, fleurs
jaunes (avril).   Je vous déteste.
— *œil du soleil*,
fleurs   rouge
éclatant.. . .   Ce qui brille est faux.
— *dragonne flam-
boyante*,   ou
Mont-Etna. .   Folie furieuse.
— *double*.. . . . .   Réussite des entreprises
dont l'honneur est la
base.

TUSSILLAGE *odorant*.. . . .   Fermeté.

Le *Tussilage odorant* est une plante très-intéressante, parce qu'elle fleurit dans l'hiver et répand une odeur délicieuse ; on ne la connaît que depuis peu de temps ; il est étonnant que son odeur suave ne l'ait pas fait cultiver plus tôt.

L'homme perdant sa chimère,
Se demande avec douleur :
Quelle est la plus éphémère
De la vie ou de la fleur ?

UVULAIRE *de la Chine* (*Uvularia sinensis* f. des liliacées). Plante vivace ; tige rameuse ; feuilles alternes, lisses, lancéolées ; fleurs pendantes, d'un rouge brun, paraissant deux à quatre ensemble, en mai et juin. Orangerie ; terre de bruyère ; multiplication par la séparation des racines, en automne. Cette fleur est le symbole *de l'idolâtrie.*

Allons, allons, belle coquette,
Belle fée, allons, parez-vous ;
Mettez vos tissus, vos bijoux,
Toutes vos sœurs sont à genoux
Et regardent votre toilette.....
Ma mie est une fleur nouvelle
Qui doit subir la même loi ,
Fleur, si tu dois briller comme elle,
Elle doit passer comme toi.

Urtica. Voy. *Ortie.*

Ulex (ajonc) appelé aussi *Jonc marin et genêt épineux*, arbuste à nombreuses fleurs jaunes, à rameaux hérissés d'épines, feuilles petites également épineuses. *Gentillesse.*

— *du Népaule.* Fleurs
jaunes extrême-
ment doubles . . Beauté sans fard.

Ulmus (Orme), feuilles
dentées, plis-
sées vert foncé. Utilité.

— *subéreux,* écorce
crevassée. . . Vétusté.

— *panaché ,* feuilles
tachées de
blanc. . . . . Fatuité.

— *pédonculeux,*
graines pen-
dantes. . . . . Paresse.

— *d'Amérique,*
feuilles luisan-
tes, dentées. . Mise décente.

— *fauve,* feuilles ve-
lues. . . . . . Douceur, amabilité.

— *tortillard,* fibres
contournées. . Commerce agréable.

Moyen de conserver les fleurs.

Choisissez du sable assez fin, par exemple, celui connu sous le nom de *sable d'Etampes*; passez-le à un crible assez large pour n'en séparer que les parties grossières, et ensuite à travers un tamis de soie plus serré, pour l'avoir bien égal et bien fin; jetez-le après cela dans l'eau, et lavez-le jusqu'à ce que l'eau qui aura passé dessus en sorte nette; cette opération faite, on enlèvera toutes les parties terreuses et argileuses qu'il pourrait contenir; on fait ensuite sécher le sable au soleil. Choisissez les plus belles fleurs que vous voudrez conserver; mettez-les dans des boîtes de carton ou de fer-blanc, assez évasées pour qu'on puisse ranger les fleurs avec la main, et assez hautes pour pouvoir surpasser les fleurs de quelques pouces; remplissez-les de sable jusqu'à la hauteur de la fleur; puis, avec un poudrier, faites entrer le sable dans l'intérieur de la fleur, et tout autour des pétales, de façon qu'ils ne soient point dérangés de leur position naturelle; que la surface concave soit bien remplie de sable, et la convexe en soit couverte sans y laisser aucun vide. Mettez une couche de sablé de 5 à 6 lignes au-dessus de la fleur; enfin couvrez le tout d'un papier percé de petits trous, et exposez ces boîtes à l'ardeur du soleil dans l'été, ou dans une étuve, en un four dont on aura retiré le pain. Au bout de trois ou quatre jours de soleil, retirez les fleurs, et vous les trouverez bien désséchées, et conservant encore presque tout l'éclat de leurs couleurs naturelles. Pour bien réussir, il faut observer trois choses principales, bien choisir et bien préparer le sable, entretenir un degré de chaleur égal et soutenu le plus que l'on peut, et arranger les fleurs dans les boîtes dans la forme la plus naturelle.

(Violette.)

VALÉRIANE des jardins, grande plante vivace ;
croît partout, même sur les murailles ; fleurs blanches, rouges, odorantes, de longue durée. Parmi
plusieurs autres espèces de Valériane, on compte
principalement celle des bois et celle des marais.
Symbole. *Facilité.*

VÉRONIQUE, thé *d'Europe*, improprement nom-
méc màle, plante vivace, rampante des bois ; fleurs

en épi bleu ; peut se cultiver dans les jardins ; est d'usage en médecine. *Fidélité.*

Verveine, plante annuelle, devenue célèbre dans l'antiquité par le charlatanisme des prêtres.

La *Verveine* était fréquemment employée par les anciens dans les sacrifices de leur religion ; elle servait à nettoyer les autels de Jupiter ; les Romains en chassaient les mauvais esprits des maisons, et la portaient pendue au cou pour détruire les enchantements. *Pureté de sentiment.*

Vigne. . . . . Ivresse, étourderie.
Vipérine. . . . . Justice.

Violette, plante vivace des bois, traçante, cultivée, donne au printemps, en automne, une fleur d'une odeur suave dont on fait un sirop de couleur violette : ce sirop, étendu d'eau, sert à reconnaître la présence d'un alkali ou d'un acide. La violette sert aussi à parfumer, colorer quelques liqueurs. Son symbole est celui de la *modestie et du mérite caché.*

> Chaque bergère a sa fleur favorite,
> Dont à la fête elle orne son corset ;
> Rose, jasmin, lys, œillet, marguerite,
> Si tour à tour vous formez leur bouquet,
> La violette est la fleur que mieux j'aime.
> D'autres ont plus d'éclat, de parfum, je le sais ;
> Mais
> Du *mérite modeste* elle est l'heureux emblème.

Violette *blanche*. . . . Candeur, modestie.
— *rouge*. . . . . Je fuis la louange.
— *panachée*. . . Mélancolie.
— *violet clair*. . Laissez-moi mon obscurité.
— *double*. . . . . Amitié réciproque.
— *de Parme*. . . Laissez-moi vous aimer.

—   *brumeau ou tri-*
      colore. . . . Votre simplicité me plaît.
—   *palmée*. . . . J'aime votre modestie.

L'obscure violette, amante des gazons,
Aux pleurs de la rosée entremêlant ses dons,
Semble vouloir cacher sous leurs voiles propices
D'un prodigue parfum les discrètes délices :
C'est l'emblème d'un cœur qui répand en secret
Sur le malheur timide un modeste bienfait.

Viorne-laurier, *Thym.* Je meurs si on me néglige.

Verre de loup (*Lycoperde*), plante des lieux stériles, forme ronde de la famille des champignons contenant, à sa maturité, une poussière très-fine et de mauvaise odeur ; c'est un préjugé de croire que cette poussière communique au froment la maladie du *noir* ou *carie*. *Je me méfie de vous.*

Violier (*espèce de giroflée jaune*), plante vivace, presque ligneuse, croît sur les murailles ; ses fleurs jaunes, très-odorantes, fournissent aux abeilles une de leurs premières récoltes ; il y en a à fleurs plus ou moins doubles, à fleurs panachées ; ses graines peuvent fournir de l'huile. *Attachement.*

Virginale. Voy. *Prune.*

Vilgilier, nouvel arbre
    importé en France.. .   Adoption.

Vitex. Voy. *Gatilier.*

Volcamier du Japon, fleurs grandes odorantes, très-doubles, purpurines à l'extérieur, blanches en dedans et d'une longue durée. *Acceptez mon cœur.*

Wachendorf, à fleurs en thyrse, plante bulbeuse du Cap, terminée par un épi d'une vingtaine de grandes fleurs, d'un beau jaune, un peu odorantes et à tube renversé. *Dépit.*

WACHENDORF *graminée.* Brouille, fâcherie.

WATSONIE *rose*, longue grappe de fleurs en entonnoir. *Trahison.*

WESTRINGIE *à feuilles de romarin*, fleurs blanches à divisions longues et inégales. *Ruses, intrigues.*

WITSENIE en corymbe, fleur bleue d'azur originaire du Cap, durant fort long temps. *Méfiance.*

WITSENIE grande. . . . Crainte motivée.

WESTRINGIA *à feuilles de romarin*, fleurs blanches à cinq divisions, longues et inégales. *Rendez-vous nocturne.*

> Oh! pourquoi la brûler ainsi ;
> Pourquoi, sur sa tige inclinée,
> O soleil, courber sans merci,
> Sa corolle toute fanée?
> Que t'a fait cette fleur pour la vouloir ternir?
> Dans l'espoir de le retenir,
> Au papillon qui l'a baisée,
> A-t-elle conté, libertin,
> Tes amours coquets du matin
> Avec sa goutte de rosée?

Procédé pour conserver aux fleurs leur forme, leur couleur et même leur odeur, ainsi qu'aux insectes.

Par le moyen que nous allons indiquer, l'on pourra donner une plus longue durée aux fleurs et aux insectes, par lequel les couleurs qui consistent chez eux en une poussière fine, sont en quelque sorte fixées, et qui donne d'ailleurs aux corps sur lesquels on l'emploie, une solidité telle, qu'il n'est plus besoin de les renfermer sous des verres. Ce moyen consiste dans tout vernis préparé à l'esprit-de-vin, pourvu qu'il soit bien blanc. Pour écarter les insectes nuisibles, et empêcher en même temps une dessication trop prompte, on étend ce vernis dans de l'esprit-de-vin camphré, et on a soin, pour le rendre plus fluide et ne l'employer qu'en très-petite quantité, de le faire bien chauffer. Pour en enduire les fleurs, on se sert d'un petit pinceau que l'on applique bien légèrement, et même on ne fait, pour ainsi dire, qu'éclabousser doucement l'objet que l'on veut conserver.

Par le moyen suivant, on a conservé aux fleurs et leur fraîcheur et leur odeur jusqu'au milieu de l'hiver. On se fait préparer un vase de plomb que l'on remplit de différentes fleurs, tels que *d'œillets, de giroflées*, qui ont été cueillies dans un jour chaud, après que le soleil leur a fait perdre toute leur humidité. On établit sur l'ouverture du vase un couvercle de plomb, qu'on y fait souder, de manière que l'eau ni l'air n'y puissent pénétrer. On assujettit à ce vase ainsi fermé un long fil d'archal; on descend ainsi le vase dans un puits, et on fixe le bout du fil d'archal. Cela peut se faire au mois de juillet ou d'août, et, à la fin de décembre ou au commencement de janvier, on retire le vase. Les fleurs auront conservé leur fraîcheur et exhaleront un parfum délicieux; elles resteront même fraîches pendant quelques jours. Tout vase de verre ou verni peut être également employé, pourvu que le couvercle, bien juste, soit fortement mastiqué. Il faut également observer que, pour y garantir le fil d'archal de l'oxydation, il faut le choisir un peu gros et l'enduire d'une couleur à l'huile.

(Xéranthéme.)

XANTHOCHYME *des teinturiers*, arbre superbe originaire de la côte de Coromandel, feuilles longues, fleurs moyennes d'un blanc terne, groupées en bouquets latéraux. *Orgueil.*

Ximénésie *à feuilles d'encelie*, plante annuelle, originaire du Mexique, fleurs jaunes, moyennes, nombreuses feuilles ovales à pétioles auriculées. *Tentation.*

Xylophyle en faulx, arbrisseau originaire de Panama, fleurs d'un rouge de sang, feuilles persistantes allongées, arquées en *faulx* d'où lui vient son nom. C'est sur les dents des feuilles que les fleurs sont placées en petits groupes. *Amour maternel.*

Xipride *blanc,* plante vivace de l'Inde, feuilles d'un pied, engaînantes, lancéolées, fleurs blanches en épi droit et terminal. *Union parfaite.*

Xilostéon. Voyez. *Chèvre-feuille* ou *Symphoricarpe.*

Xéranthemum. Voyez. *Xéranthême.*

Xéranthême (*Xeranthemum*) vulgairement connu sous le nom d'*Immortelle,* fleur commune et annuelle, à feuilles lancéolées, blanchâtres; les fleurs, assez grosses, sont blanches, violettes ou mélangées, et placées au bout des tiges, en manière de têtes composées de plusieurs fleurons réguliers. Le nom d'*Immortelle* donné à cette plante vient de la longue durée de ses fleurs : elle est due à la nature écailleuse de leur calice coloré et ressemblant à une fleur, tandis que les véritables fleurs sont peu ou point apparentes; elle croît naturellement dans les pays chauds; son odeur est douce et agréable. Symbole de la *constance éternelle.* On l'emploie comme souvenir sur les tombeaux.

> Il est une divine fleur
> Dont la corolle diaprée
> Du temps bravant l'aile acérée
> A toujours la même splendeur.
> Bien souvent, sous l'âpre rafale,
> Sa tige flexible a tremblé;
> Bien souvent, sous l'insecte ailé,
> Elle perdit un blanc pétale,

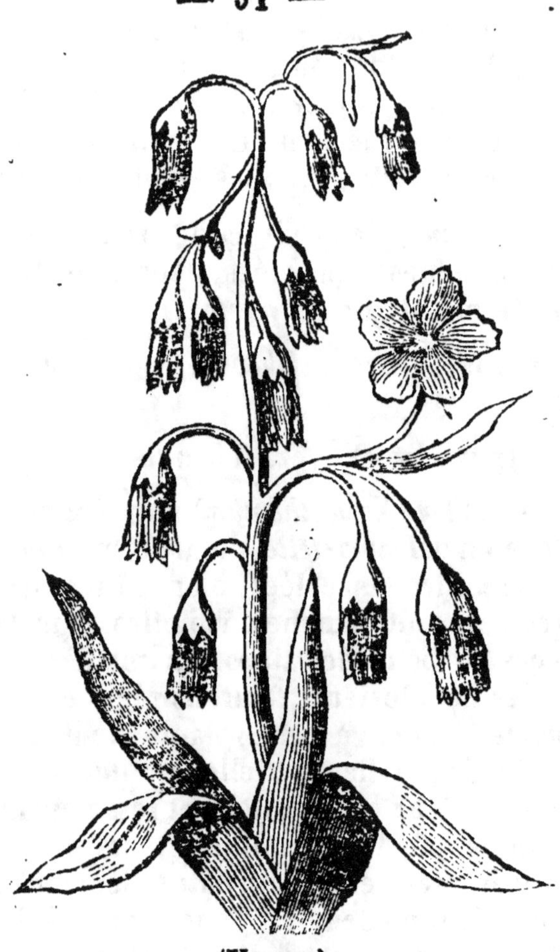

(Yucca.)

YÈBLE ou **HIEBLE**, *Sureau commun. Vous me consolez de toutes mes peines.* Peu de plantes sont aussi généralement répandues et jouissent d'une aussi grande réputation que le sureau, dont les fleurs se montrent en juin : il est très-peu de maux qu'il ne puisse guérir ou calmer ; aussi le trouve-t-on placé autour des habitations : les champs en sont environnés.

— *de Canada*. . . . . Ennui, sottise.

— *à grappes.* . . . Caquet, bavardage.
Yeuse. Voy. *Chêne.*
Ypréau, peuplier, faux
    Tremble. . . . . . . Poltronnerie.
— *blanc.* . . . . . Convoitise.
Yuban (*magnolier*), fleurs blanches ornées d'une bordure de carmin. *Vous êtes belle et bonne.*

YUCCA ou *Glorieuse* (f. des *liliacées*), superbes arbustes d'ornement, dont la taille moyenne est de 1 mètre 949 millimètres (6 pieds), et qui ressemblent, par leur port, aux *palmiers.* Leur tige est sans rameaux, mais fournit une touffe de feuilles très-longues, étroites du milieu desquelles sort la tige florale qui fournit un grand nombre de rameaux en forme de pyramide, et est souvent composée de plus de deux cents fleurs pendantes. C'est l'emblème *du goût des voyages lointains.*

Lecteur donc, que les fleurs, charme de votre asile,
Ne frappent point les yeux d'un éclat inutile ;
Alentour un essaim bourdonne sourdement.
C'est là que, pénétré d'un double enchantement,
Vous lisez, aux doux bruits de la ruche agitée,
Ces vers plus doux encore où gémit Aristée ;
C'est là qu'on rit parfois, Réaumur à la main,
Des aimables erreurs du poète romain.

Yvraie plante parasite
    nuisible au blé. . . . Mauvaise société.

CONSEIL A NOS LECTRICES.

Tantes et mères qui devez
Veiller à l'honneur des familles,
Etudiez bien, observez
Les amants des nièces, des filles.
Parmi ceux qui font les yeux doux,
Et qui vous offrent des hommages,
Si vous vous moquez des vieux fous,
Défiez-vous des jeunes sages.

(Zinnia.)

ZAMIA *horrible*, plante originaire de l'Afrique australe de l'aspect le plus singulier.

Zamia *cicadifolia.*

— *nain du Cap.*

— *en spirale de la* *nouvelle Hollande.*

Ces quatres espèces sont symbolisées par les plus mauvais augures.

Zanthorrize à *feuilles de persil*, arbuste originaire de la Caroline, petites grappes pendantes de fleurs en étoiles d'un pourpre brun. *Douce espérance.*

Zéphyrante *rose*, jolie plante bulbeuse originaire de la Havane, hampe de 8 à 10 pouces couronnée par une fleur rose.

Zéphyrante *à grandes fleurs* rose foncé. L'une et l'autre, *veuvage.*

Zéphirante *blanche*, fleurs lavées de rose au sommet. *Jeunesse.*

Ziérie *trifoliée* petites fleurs blanches, teintées de rose (Nouvelle-Hollande). *Amitié fidèle.*

Zoégéa *d'Orient*, fleurs grandes et jaunes. *Jalousie, mauvais ménage.*

ZINNIA. Il y en a de deux espèces ; savoir : la *Zinnia pauciflore*, aux fleurs terminales et solitaires, d'un jaune foncé, et la *Zinnia multiflore*, plus recherchée pour le nombre et l'éclat de ses fleurs rouges.

L'une et l'autre se multiplient par leurs graines que l'on sème au printemps en terre douce et bien exposée. Aucune partie de cette plante n'est médicinale. Cette fleur est le symbole d'un *faux éclat.* Les fleurs de cette plante tombent une à une, et tandis que toutes jonchent la terre, il est curieux d'en voir souvent une seule dominer l'arbuste dans toute sa fraîcheur. Cette particularité a dicté l'apostrophe suivante à cette fleur étrange : Pourquoi.... tes pétales jonchent-ils la terre, pauvre fleur desséchée et flétrie? Il y a quelques heures à peine se déroulaient humides des larmes de la nuit ; ton calice brillait sous les perles de la rosée, et maintenant tes débris épars couvrent le sol.

« Pourquoi... sembles-tu me répondre... est-ce que tout ne meurt pas ici-bas?... La beauté n'est

qu'une lueur fugitive, je suis l'emblème de la beauté ;
la jeunesse, un rêve de quelques instants, je suis l'emblème de la jeunesse ; le bonheur, un nuage qui
passe, je suis l'emblème de la douleur ! »

Image vivante de notre existence, avec ses beaux
jours, ses orages et ses douleurs, le rayon qui te fait
éclore te flétrit, la main qui t'aide à vivre t'aide
aussi à mourir. Lorsque tu t'entr'ouvres brillante et
fraîche au soleil naissant, n'es-tu pas pour nous
l'enfant au sortir du berceau, avec ses mille désirs
et ses illusions ? Quand tes feuilles tombent une à
une, que la branche qui te porte s'incline, n'es-tu
pas le vieillard avec ses espérances perdues et dont
la tête blanchie s'appesantit sous le poids du malheur ? L'aquilon brise ta tige comme il brise le cœur
de l'homme. L'hiver ne l'épargne pas dans son
étreinte glacée. Ta présence nous donne de douces
et agréables pensées ; à ta vue, nos larmes près de
s'échapper s'arrêtent ; nos doigts t'effeuillent machi-
nalement comme pour chercher une consolation.

Le papillon, dans sa course insensée, puise parfois dans ton calice , mais il ne s'arrête qu'un instant : le bonheur nous effleure de son aile, jamais
il ne nous enlace de ses bras.

Pauvre petite fleur, j'étais venue pour te cueillir,
et déjà le soleil t'avait courbée ; tu te refermais tris-
tement pour aspirer une dernière fois la vie et mourir ! Tu n'es plus, adieu ! Il ne reste de toi qu'une
tige dépouillée ; demain une autre renaîtra pour
mourir encore !... Ainsi tout finit dans le monde,
l'homme comme la fleur !

Dans les vastes forêts, pleines de trous rustiques,
Il est de grands chemins fréquentés tout le jour,
Peuplés d'arbres géants et de grès druidiques
Dont le temps a sculpté le grotesque contour,

Puis de petits sentiers discrets et poétiques,
Où le bruit de nos pas s'éteint rêveur et sourd,
Où le vent fait frémir les fleurs mélancoliques
Que Dieu remplit pour nous de rosée et d'amour.

Ziziphus (*Jujubier*) rameaux épineux, fleurs jaunes. . . Désir.

— dit *Sativa*, rameaux, baies rouges. . . . Dessein de ruine.

— *de Chine*, tiges grêles. . . . Maladie, fièvre.

— *lotus (lotos des anciens)*, fruits jaunes. . . . . Discorde, querelle.

Zigophillum (*Fabagelle*), fleurs rougeâtres placées en épis et distancés sur l'extrémité des tiges. *Amour fraternel.*

Zoégée *d'Orient*, fleurs jaunes, à involucre campanulé. *Amour clandestin.*

C'est Dieu qui verse à tous la vie et la lumière,
C'est lui qui nous sourit dans la fleur printanière,
L'insecte ailé nous fait admirer son auteur
Et le vaste univers atteste sa grandeur.
Ces mondes suspendus au-dessus de nos têtes,
Ces nuages épais qui lancent les tempêtes,
Ces atômes qu'agite un invisible feu,
Ces êtres animés nous annoncent un Dieu.
Dieu ne se cache pas ; sans éblouir la vue,
Il s'offre en tous les points de l'immense étendue.
Oui, notre œil attentif voit dans tous les objets
Sa bonté, son pouvoir, sa gloire et ses bienfaits.

FIN DU DICTIONNAIRE EMBLÉMATIQUE DES PLANTES ET DES FLEURS.

NOMENCLATURE

DES SENTIMENTS

EXPRIMÉS DANS L'ALLÉGORIE DES FLEURS, PLANTES ET FRUITS.

FIN DE LA NOMENCLATURE DES SENTIMENTS.

EMBLÊMES DES COULEURS.

Les cinq premières couleurs sont le *rouge*, le *jaune*, le *bleu*, le *blanc* et le *noir*, de leurs mélanges sont nées une infinité de nuances, ou couleurs de second ordre ; nos pères les ont symbolisées de la manière suivante :

Blanc............... Innocence, pureté, pudeur, bonne foi, candeur.
Noir............... Tristesse, mort, deuil.
Rouge............... Timidité, amour, ardeur.
Jaune............... Gloire, infidélité, richesse, splendeur.
Bleu............... Amour chaste, économie, sagesse, respect, piété.
Vert............... Espérance, marine, enfance.
Pourpre............ Souveraineté, puissance, orgueil, ambition.
Rose............... Beauté, amour, amabilité, jeunesse.
Lilas.............. Amour pur.
Violet............. Puissance céleste.
Orangé (l')........ Amour de la gloire.

GRIS . . . . Douleur tempérée, mélancolie.
BRUN FONCÉ . . . . . . Douleur profonde.
FEUILLEMORTE (le). Vieillesse, destruction.
AMARANTHE . . . . . Constance, immortalité.

COULEURS DES ÉLÉMENTS ET DES SAISONS.

Vert ou blanc... L'eau. — Printemps.
Rouge......... Le feu. — L'été.
Bleu.....,... L'air. — L'automne.
Noir.......... La terre. — L'hiver.

HORLOGE DE FLORE.

ATTRIBUTS DE CHAQUE HEURE DU JOUR CHEZ LES AN-
CIENS, MOYEN DE CONNAITRE ÉGALEMENT L'HEURE,
EN OBSERVANT L'OUVERTURE DES FEUILLES ET
PÉTALES DES FLEURS D'UN PARTERRE.

Avant midi.	*Attributs.*
S'ouvre à :	
3 heures du matin. —	La barbe de bouc et le salsifis des prés.
4 —	La chicorée sauvage et la crépite des toits.
5 —	Le liseron et le pissenlit.
6 —	La scorsonère des murailles et le laitron des marais.
7 —	Le souci d'Afrique et la laitue.
8 —	Le mouron rouge et l'œillet prolifère.
9 —	Le souci des champs et la manne.
10 —	La pourpre des jardins et la ficoïde barbue.
11 —	La sublime pourpre et la ficoïde glaciale.
12 —	Toutes les autres ficoïdes.

	Après midi.	*Attributs.*
1 h. —	Le pourpier, à 2 h.	Un bouquet de roses épanouies.
2 —	Une autre espèce.	Un bouquet d'héliotrope.
3 —	La pulmonaire.	Roses blanches.
4 —	La belle de jour.	Hyacinthe.
5 —	Le nénuphar blanc.	Feuilles de grenadier.
6 —	Géranium triste.	Bouquet d'anémone.
7 —	Belle de nuit.	— de réséda.
8 —	Le siline nocti-flora.	Plusieurs oranges.
9 —	Le cactus.	Branches ou feuilles d'olivier.
10 h. du mat. —	Quelques branches de lilas.	
11 —	Un bouquet de soucis.	
12 —	Id. pensées et violettes.	

BAROMÈTRE DES FLEURS.

Certaines plantes ayant la faculté de suivre dans leurs feuilles et dans leurs pétales les différentes variations de l'atmosphère par le plus ou moins d'influence que produit sur leur organisation l'intensité du froid ou du chaud, un peu d'attention suffit donc pour se composer un baromètre végétal en observant leur sensibilité aux approches de la sécheresse ou de l'humidité.

EXEMPLE :

S'il doit pleuvoir, le souci n'ouvre pas ses pétales le matin ; la laitue s'épanouit au contraire.

A l'approche de l'orage, l'oscalis se ferme ; le porlieva ferme ses feuilles, incline ses rameaux ;

l'alléluia au contraire relève les siennes ; le nepeu-
this, fleur à godet, se renverse si le temps est à
la pluie, et se dresse au contraire si le ciel est se-
rein. Quantité de fleurs éprouvent des sensations
visibles à l'œil dans les moindres changements
atmosphériques.

BOUSSOLE DES PLANTES.

L'*aubier* et le *bois parfait* de la tige des arbres
n'ont pas dans leur entier contour la même épais-
seur, et sont toujours plus épaisses du côté du
midi, par conséquent la partie la plus mince est
celle qui regarde le nord ; de sorte, que serait-on
égaré dans un bois, il ne suffirait donc pour re-
trouver sa direction qu'à couper et examiner la
tige d'un arbre, pour se procurer instantanément
une *boussole* d'une rigoureuse précision.

ACTE DE NAISSANCE DES VÉGÉTAUX.

Par la raison que les végétaux produisent chaque
année une nouvelle couche d'*aubier* et une de *bois
parfait*, il suffit donc de couper bien horizontale-
ment sa tige et d'en compter les couches ligneuses.
Il faut pour l'arbre couper la tige près de la racine
ou sur la partie du tronc qui n'a pas encore de ra-
mification ; en agissant de même sur une branche
ou un rameau, l'on trouvera facilement la généalo-
gie du plus vieil arbre et de ses parties.

FIN.

Paris. — Impr. de Pommeret et Moreau, 42, rue Mignon.

mations sur la jeunesse de la *Pucelle* et sur sa conduite passée. Ces renseignements s'étant trouvés très-favorables à l'accusée, il les supprima et ne les communiqua point à son collègue ni aux assesseurs.

Du 21 février au 17 mars, Jeanne subit quinze interrogatoires, dont les détails n'offriraient au lecteur qu'un tissu de minuties fastidieuses, de demandes absurdes et de répétitions continuelles. On se bornera donc au précis des séances qui ont pour objet les révélations et les exploits de l'accusée.

La première fois que Jeanne comparut, on la fit d'abord jurer, selon l'usage, de dire la vérité, ce qu'elle ne voulut jamais promettre que conditionnellement. « *Vous pourrez*, dit-elle, *me demander ce que je ne puis vous révéler sans parjure.* »

Le président de la commisssion la pressa de réciter l'Oraison dominicale. Elle y consentit, pourvu qu'il l'écoutât en confession; son dessein était d'éloigner, par ce moyen, du nombre de ses juges, ce prélat dont elle connaissait le dévouement servile aux Anglais. Sur ce qu'on lui défendit de penser à prendre la fuite, elle répondit : « *Si je m'échappais, on ne pourrait m'accuser d'avoir violé ma parole, puisque je ne vous ai point donné ma foi.* » Seule et sans conseil, car on lui avait refusé un avocat, elle tint constamment tête à l'évêque de Beauvais, au *promoteur* (procureur) de l'inquisition, et à ceux des assesseurs qui, de complicité avec Cauchon, cherchaient à l'embarrasser par des questions captieuses et perfides ; fortifiée, disait-elle, par de fréquents entretiens avec sainte Catherine et sainte Marguerite qui ne l'abandonnaient pas, elle prédit, plus fermement que jamais, *que devant sept ans, les Anglais perdraient tout ce qu'ils tenaient en France,* et maintint que tout ce qu'elle avait fait

« connaissant envers Dieu, l'auteur de votre gran-
« deur. »

Le 3 janvier 1431, des lettres-patentes du jeune
monarque ordonnèrent la remise de Jeanne à l'évêque de Beauvais et au vicaire de l'inquisition, dans
le diocèse de Rouen, ses deux juges, lui faisant un
crime des *massacres* qu'elle avait faits en combattant
pour son roi contre les ennemis de l'Etat.

Ces lettres finissaient par ordonner, pour la ré-
vérence et l'honneur du nom de Dieu, que ladité
Jehanne fût livrée au R. P. en Dieu, l'évêque de
Beauvais, pour par lui être fait et parfait son
procès.

Jeanne, dès lors, devait être transférée dans la
geôle archiépiscopale de Rouen. Il n'en fut rien, et
on la laissa au fond de son cachot du château, exposée aux insultes de gardiens insolents et grossiers,
qui essayèrent même de lui faire violence, et aux
visites importunes des seigneurs, qui, avec la froide
cruauté du haut baronnage anglais, venaient jouir
de son malheur. Ses plaintes furent inutiles auprès
de l'évêque de Beauvais, homme féroce et dépravé ;
quant au vicaire de l'inquisition, c'était un *clerc*
faible et timide, qui eût bien voulu s'abstenir de
seconder Pierre Cauchon ; mais il n'en eut pas le
courage, car lui seul et Cauchon portèrent la sen-
tence. Les clercs et docteurs que l'on manda de
Paris et autres lieux, jusqu'au nombre de près de
cent, ne servirent que d'assesseurs. On prévoyait
tellement toutes les infamies qui s'allaient commet-
tre, que plusieurs ecclésiastiques sortirent de Rouen
pour éviter de siéger parmi ses assesseurs.

Le procès s'ouvrit le 21 février. L'évêque de
Beauvais avait envoyé auparavant un émissaire à
Domremy et aux environs, pour prendre des infor-

Paris. — Imp. de Pommeret et Moreau, rue Vavin, 42.